Tanja Bauer/Dr. Gabriele Lehari

Hoopers-Agility

Tanja Bauer/Dr. Gabriele Lehari

Hoopers-Agility

Hundesport ganz ohne Springen

4., aktualisierte Auflage

Oertel+Spörer

Bildnachweis
Titelbild: Dr. Gabriele Lehari
Innenteilbilder:
Tanja Bauer S. 22 l. 70, 77, 112
Vera Ehrich S. 14, 73
Sonja Kraus S. 13, 64(3), 65, 80
Dr. Gabriele Lehari S. 7, 9, 15, 17, 19, 20, 21(3), 22 r., 23 o., 24, 25, 26, 27(2), 29, 31, 38(3), 39, 42, 43 o., 48, 49(4), 61(2), 66(3), 67, 71(2), 72(2), 74 u., 75(2), 76, 84, 86(3), 87(3), 89, 90, 91
Stephanie Zettner S. 12, 23 u., 34, 43 u., 47, 74 o.
Grafiken: Tanja Bauer

Haftungsausschluss
Die Hinweise in diesem Buch wurden von den Autorinnen sorgfältig recherchiert und geprüft. Es können jedoch keinerlei Garantien übernommen werden. Eine Haftung der Autorinnen, des Verlags und seiner Beauftragten für Personen-, Sach- und Vermögensschäden ist ausgeschlossen.

Bibliografische Information der Deutschen Nationalbibliothek
Die Deutsche Nationalbibliothek verzeichnet diese Publikation in der Deutschen Nationalbibliografie; detaillierte bibliografische Daten sind im Internet über http://dnb.d-nb.de abrufbar.

Postfach 16 42 · 72706 Reutlingen
4., aktualisierte Auflage

DTP und Repro: raff digital gmbh, Riederich
Druck und Einband: FINIDR, s.r.o., Tschechische Republik
Printed in Germany
ISBN 978-3-88627-862-6

Inhalt

Einführung

Zwei junge Hunde und ein krankes Knie sorgten dafür, dass Tanja das Hoopers-Agility kennen- und lieben gelernt hat. Für sie war dieser Team-Sport eine lange Zeit der Strohhalm, um ihre Hunde sinnvoll zu beschäftigen.
Tanja Bauer, die lange Jahre ihre Hunde im Agility auf Wettkämpfen geführt und auch zahlreiche Kurse zu diesem beliebten Hundesport angeboten hat, gehört zu den ersten Hundetrainern, die in Deutschland Hoopers-Agility populär gemacht haben.

Was bedeutet Hoopers-Agility?

Aber was ist nun eigentlich Hoopers-Agility genau? Hierbei handelt es sich um eine neue Trendsportart, die in den USA entwickelt wurde und mittlerweile auch bei uns immer mehr Freunde findet.

Häufig wird das Hoopers-Agility auch als **NADAC** bezeichnet, was aber eigentlich nicht korrekt ist und nur auf die Entstehungsgeschichte dieser Sportart zurück-

Tanja Bauer mit einem ihrer Schützlinge

zuführen ist. NADAC ist nämlich nichts anderes als die Abkürzung für **North American Dog Agility Council**. Hierbei handelt es sich um eine der vier großen Agility-Organisationen der Vereinigten Staaten, die unter anderem auch das Hoopers-Agility anbietet. Der NADAC wurde 1993 gegründet und entwickelte aus dem klassischen Agility weitere Varianten und erfand somit das Hoopers-Agility. Es wird in den USA schon lange als sportliche Disziplin ausgeübt. Die Situation dort ist mit unserer Agility-Szene zu vergleichen. Allerdings findet man in den USA eine viel größere Palette von Leistungskategorien. Es gibt eine separate Klasseneinteilung für Senioren, Junior-Handler und eine Vielzahl von Spielen mit gestaffelten Schwierigkeiten.

DER NAME

Als Hoops werden Reifen oder Halbbögen mit einer festen Halterung bezeichnet, die in Form eines Parcours aufgestellt werden. Viele von uns kennen noch die sogenannten Hula-Hoop-Reifen. Sie sind vom Material her vergleichbar. In Verbindung mit dieser Sportart hat sich die Bezeichnung Hoopers durchgesetzt, die daher im Folgenden auch immer verwendet wird. Agility bedeutet übersetzt Beweglichkeit. Die richtige Bezeichnung für diese Sportart ist also Hoopers-Agility. NADAC ist lediglich die Bezeichnung für den Verband in den USA.

Das Prinzip des Hoopers-Agility

Nach Deutschland kam diese Hundesportart, weil man nach einer sportlichen Variante des Agility gesucht hat, die für Menschen, welche aus gesundheitlichen Gründen nicht wie beim klassischen Agility neben ihrem Hund herlaufen können, die also irgendwie in ihrer Bewegung eingeschränkt sind, ausgeübt werden kann. Denn beim Hoopers-Agility führt der Hundeführer seinen Hund aus der Entfernung durch den Parcours – und zwar nur mittels Körpersprache, Hör- und Sichtzeichen. Dies ist eine Herausforderung für das Mensch-Hund-Team, wobei Distanzarbeit, Bindung und Impulskontrolle vereint werden.

Wie im klassischen Agility gibt es auch beim Hoopers-Agility einen Parcours, der in einer bestimmten Abfolge vom Hund durchlaufen werden muss. Der Parcours besteht vor allem aus Bögen (Hoops – daher der Name), kombiniert mit anderen Geräte-Elementen wie zum Beispiel Tunnel, Fass und Zaun – aber alles ohne Springen. Später werden die einzelnen Geräte noch genau vorgestellt.

Der Unterschied zum klassischen Agility besteht darin, dass der Hundeführer seinen Vierbeiner an den Start bringt und sich anschließend in den gesonderten sogenannten Führbereich begibt. Der Führbereich befindet sich häufig an der Stirnseite oder im ersten Drittel des Parcours. Von dort aus agiert der Hundeführer weiter.

Nun gibt er seinem Hund das Startsignal aus diesem begrenzten Bereich heraus und führt den Hund auf Distanz mit Körpersprache, Hör- und Sichtzeichen durch den Parcours bis ins Ziel. Die Geräteanordnung kann immer variieren – der Schwierigkeitsgrad des Parcours und die Anzahl der Geräte im Parcours richten sich nach dem Können der Teams.

Der Geräteparcours wird im Allgemeinen recht weit gestellt, sodass ein Hund, der die Richtungswechsel beherrscht, gut geführt werden kann.

Es muss eine perfekte Abstimmung zwischen Mensch und Hund auf Distanz herrschen. Die Anforderungen können individuell auf das Mensch-Hund-Team abgestimmt werden. Somit bietet das Hoopers-Agility eine interessante und spannende Möglichkeit der körperlichen und geistigen Auslastung.

Mit Hoopers-Agility kann man den Hund nicht nur körperlich, sondern auch geistig fordern.

FAZIT

Die Herausforderung des Hoopers-Agility konzentriert sich somit ganz auf die Fähigkeit des Hundeführers, seinem Hund im richtigen Augenblick über verschiedene Signale die entsprechenden Richtungswechsel anzuzeigen, während der Hund den Parcours durchläuft.

Das Reglement

Bis vor wenigen Jahren war das Hoopers-Agility einfach nur „just for fun" – und so sollte es auch heute noch sein. Mensch und Hund leisten so viel, wie sie aufgrund ihrer körperlichen Fitness in der Lage sind. Und vor allem sollten sie daran Spaß haben.
Früher gab es auch keine festen Regeln über den Ablauf oder wie mit dem Hund gearbeitet werden muss, somit gab es auch noch keinen Trainerschein. Daher hatten verschiedene Trainer sicherlich unterschiedliche Trainingsmethoden. Mittlerweile werden aber auch Kurse zum Erlangen des Trainerscheins von verschiedenen Verbänden bzw. Vereinen angeboten.
Auf alle Fälle sollte aber immer das Wohl des Hundes im Vordergrund stehen. Die Art des Parcours wird den Fähigkeiten des Mensch-Hund-Teams und den Witterungs- und Geländeverhältnissen angepasst.

Da das Hoopers-Agility mit der Zeit aber immer populärer wurde, hat es natürlich auch Einzug in viele Vereine und Verbände für Hundesport gehalten und mittlerweile werden auch Wettkämpfe und Turniere hierfür angeboten. Daher wurde ein Reglement für diese Hundesportart entwickelt (siehe auch hinten S. 118).
Die „VDH-Prüfungsordnung Hoopers (VDH PO-H)" ist gültig seit dem 1. Februar 2020. Schon am 1. Januar 2020 hat der Deutscher Hundeportverband (dhv) eine Prüfungsordnung für Hoopers herausgegeben. Beide Reglements unterscheiden sich nur geringfügig. Sie sind im Internet für jedermann zugänglich und können eingesehen werden.

Wer sich für diese Sportart interessiert, muss natürlich nicht zwingend an Wettkämpfen teilnehmen, sondern kann Hoopers-Agility mit Gleichgesinnten so üben, wie er möchte. Hauptsache, alle haben ihren Spaß!

Daher wird im Folgenden ausführlich erklärt, welche Voraussetzungen zu erfüllen sind, wie man das Training aufbaut, was hierbei zu beachten ist, welche Geräte und Hilfsmittel für einen Parcours benötigt werden und wie die Basisarbeit für einen Parcoursverlauf erfolgt. Zum Schluss werden als Anregung eine Reihe von Beispielparcours von leicht bis sehr anspruchsvoll und das passende Training dazu vorgestellt, wobei hier der Fantasie freien Lauf gelassen werden kann, um immer wieder neue Varianten in das Training einzubringen und so für Abwechslung zu sorgen.

Wer ist für Hoopers-Agility geeignet?

Der Mensch

Menschen mit Handicap profitieren von dieser Teamarbeit, denn sie müssen den Hund im Parcours nicht begleiten und können ihn rein über Ruf- oder Sichtzeichen lenken. Nicht zu vergessen sind ältere Menschen: Auch für sie wird diese Distanzarbeit zum Vergnügen. Die Kombination alter, langsamer Mensch und junger, schneller Hund fällt dabei überhaupt nicht ins Gewicht. Somit macht diese Distanzarbeit es Menschen, die irgendwie gehandicapt sind, möglich, trotzdem mit ihrem Vierbeiner Hundesport zu betreiben.

Selbst für Rollstuhlfahrer ist es möglich, mit ihrem Hund diese Sportart durchzuführen. Vor allem die Grundübungen können problemlos vom Rollstuhl aus mit dem Hund trainiert werden. Muss der Hund aber später oft an seine Startposition gebracht werden, könnte es für Rollstuhlfahrer etwas beschwerlich werden, immer wieder zwischen der Startposition und dem Bereich, von dem der Mensch aus agiert, zu wechseln. Hier kann es sinnvoll sein, wenn ein Helfer den Hund dann in die Startposition bringt. Ebenso ist die Bodenbeschaffenheit zu beachten. Eine matschige Wiese mit zu hohem Gras ist natürlich nicht für das rollende Gefährt geeignet. Aber wenn der Untergrund passt, ist es kein Problem.

Der Hund

Grundsätzlich sind alle gesunden Hunde, die sich von ihren Menschen motivieren lassen und Spaß an gemeinsamen Aktivitäten haben, für diese Sportart geeignet. Größe und Rassezugehörigkeit spielen hierbei keine Rolle. Allerdings brauchen manche Hunde etwas länger, um einen ganzen Parcours zu laufen, als andere. Das hängt einfach von ihrem Wesen und ihrer ursprünglichen Verwendung ab.
Wie bei allen anderen Sportarten auch sind die Hütehundrassen für Hoopers-Agility ideal geeignet, da sie leicht zu motivieren sind und ständig irgendwelche Aufgaben, die sie von ihrem Menschen erhalten, ausführen möchten. Die Grundelemente sitzen bei ihnen schnell und in kurzer Zeit können sie einen ganzen Parcours absolvieren.

Andere Hunderassen lassen sich vielleicht eher von anderen Dingen ablenken und müssen umso stärker motiviert werden. Und es gibt auch viele Rassen, von denen früher selbstständiges Arbeiten erwartet wurde und die schnell den Spaß an immer wiederkehrenden Übungen verlieren. Somit muss jeder selbst entscheiden, wie er seinen Vierbeiner am besten motivieren und wie viel er in einer Trainingseinheit von ihm verlangen kann.

Border Collies gehören zu den schnellen Hunden, die für so einen Sport besonders zu begeistern sind, aber dadurch auch ihren Körper stark belasten.

Diese Sportart ist aber nicht nur für die vierbeinigen Sportskanonen geeignet, sondern durchaus auch für Hunde, die aufgrund ihrer körperlichen Konstitution oder Größe nicht für das rasante Agility geeignet sind, da hier durch zahlreiche Sprünge, den Slalom oder das Überwinden der A-Wand die Gelenke stark belastet werden.

Und es gibt ja auch Hunde, die aus gesundheitlichen Gründen nicht springen sollen, aber ansonsten fit und agil sind. Auch für sie ist Hoopers-Agility das Richtige. Allerdings darf man dennoch die Belastung nicht unterschätzen.
Jeder Hundeführer ist für sein Tier verantwortlich. Denn oft nimmt sich ein Hund, welcher nicht springen soll, vor Freude und Trieb nicht zurück und springt trotzdem. Der Mensch muss im Sinne der Gesundheit seines Hundes entscheiden, ob diese Sportart für ihn das Richtige ist.

Auch wenn sich der Mensch nicht viel bewegen muss, so kann der Hund – je nach Charakter – durchaus ein sehr schnelles Tempo an den Tag legen.
Mit übergewichtigen und kranken Hunden sollte man sich daher nicht für diesen Ausdauersport mit Stoßbelastung entscheiden. Der Hund wird im Parcours sehr schnell und taucht oft heftiger in den Tunnel ein als im klassischen Agility. Ebenso ist die Belastung bei Richtungswechseln ganz enorm.

OHNE LEINE

Denkbar ungünstig ist das Arbeiten mit einem angeleinten Hund. Ein Hundeführer, der mit Leine in der Hand arbeitet, ist undeutlich in seiner Körpersprache und durch eine am Boden schleifende Leine ist immer eine Unfallgefahr gegeben, da die Leine an Geräten hängen bleiben kann.

Auch wird häufig gefragt, ob ein Hund mit HD oder ED für diesen Sport geeignet ist. Grundsätzlich dürfen und sollen solche Hunde durch sportliche Betätigungen den Muskelaufbau fördern. Allerdings müssen sie Stoßbelastungen vermeiden, die beim Tunnel oder bei den Richtungswechseln bei schnellen Hunden nicht zu unterschätzen sind. Daher sollten sehr schnelle Hunde mit HD oder ED lieber nicht dieser Sportart nachgehen. Gemütliche und etwas behäbigere Hunde können hier aber durchaus mitmachen.

Bei sehr jungen Hunden fehlt am Anfang vielleicht noch die Konzentration, sodass die Trainingseinheiten auf alle Fälle nicht zu lang sein dürfen. Ein Helfer sollte am Start den Hund bis zur Freigabe halten, damit das Warten separat geübt werden kann und erst in den Parcours eingebaut wird, wenn der Hund es zuverlässig im Alltag beherrscht.
Ältere Hunde legen aufgrund ihrer Lebenserfahrung und vielleicht auch wegen einiger Zipperlein mehr Ruhe und Gelassenheit an den Tag. Sie arbeiten eher gemütlich und benötigen viel Hilfestellung.
Hoopers-Agility kann übrigens auch mit einem betagten Hundesenior gearbeitet werden. Allerdings muss man unterscheiden, ob der Hund schon immer gearbeitet hat und vielleicht sogar im klassischen Agility geführt wurde oder ob er im Alter das Hoopers-Agility ohne Vorkenntnisse erlernen soll. Ein älterer Hund ohne Kenntnisse wird nur Gefallen daran finden, wenn er auch in früheren Zeiten aktiv beschäftigt wurde. Ein Hundesenior mit Vorkenntnissen kann im Hoopers-Agility laufen, solange er Spaß hat und sein Gesundheitszustand es zulässt.

Der Mensch muss entscheiden, ob diese Sportart für seinen Hund geeignet ist.

Auch ältere Hunde sind für diesen Sport durchaus geeignet.

Ideal für den alten Hund mit Vorkenntnissen ist dieser Sport, weil der Hundeführer nicht mitrennt und daher auch keinen Einfluss auf das Streckentempo nehmen kann und der Hund je nach Tagesform selbst bestimmt, welches Tempo er laufen möchte. Der Senioren-Parcours ist einfach gestrickt, dennoch fördert es Muskeln, Aufmerksamkeit und das Gedächtnis des Hundes.

FAZIT

Grundsätzlich kann man mit allen Hunden diesen Sport betreiben, aber sicherlich sind die Leistungen, das Arbeitstempo und das Trainingsergebnis abhängig von Wesen und Veranlagung des Hundes – und des Menschen. Aber da es ja Spaß für Hund und Mensch sein soll, sollte man seine Ansprüche den Fähigkeiten jedes einzelnen anpassen.

Was zu beachten ist

Natürlich dürfen auch beim Hoopers-Agility die Gefahren einer schnellen Sportart nicht unterschätzt werden. So sollten die Teams auf alle Fälle nur aufgewärmt an den Start gehen (siehe S. 18 f.). Abstehende Daumenkrallen sollten durch Tragen von Bandagen geschützt werden, damit der Hund mit den Krallen nicht an irgendwelchen Geräten hängen bleibt oder sie beim Greifen in den Kurven abreißt. Arbeitet der Hund in einem großen Abstand zum Hundeführer und erreicht das

Ziel, kann sich der Hund beim Abholen seiner Belohnung böse verstauchen. Steht der Hundeführer frontal zum Hund und lässt diesen am Spielzeug anbeißen, kann sich der Hund durch das Auflaufen am Hundeführer verletzen. Daher sollte die Bestätigung so gehalten werden, dass der Hund sie beim Laufen aufnehmen kann und mit der Belohnung weiterrennen und erst langsam abbremsen kann. Alternativ dazu, wenn man die Belohnung nicht aus der Hand geben will, dreht man sich mit dem Hund im Kreis, wobei er sein Tempo verringert und dann seitlich vom Hundeführer das Spielzeug erhält.

Weiterhin müssen die Geräte ständig kontrolliert werden, um einer möglichen Verletzungsgefahr für den Hund vorzubeugen. Auch der Bodenbelag sollte genau überprüft werden. Dabei sollte man ebenso bedenken, dass auf Teppichboden durchaus aufgrund der starken Reibung eine Verbrennungsgefahr der Pfoten bestehen kann.

Eventuell eingesetzte Bodennägel oder Heringe für die Kennzeichnung des Führbereichs oder um Fässer und Zäune windsicher zu stabilisieren, müssen gut in den Boden eingedrückt werden, damit sich der Hund auch nicht an herausstehenden Metallteilen verletzen kann.

Passende Bandagen können den Hund vor möglichen Verletzungen schützen.

DER EINFLUSS DES HOOPERS-AGILITY AUF DAS KLASSISCHE AGILITY

Zu bedenken ist, dass der Hund, je nach Intensivität des Hoopers-Trainings, im klassischen Agility nicht mehr so eng läuft, was sich oft auch zum Nachteil entwickeln kann. Der Hund entscheidet selbstständig und läuft größere Bögen, fragt nicht mehr nach, sondern nimmt alle Geräte, welche vor der Schnauze liegen. Der Hund reagiert beim Hoopers-Agility viel intensiver auf die Körperhaltung des Hundeführers, was zu Missverständnissen führen kann. Verwendet man im Hoopers-Agility für „Außen" (Umlaufen eines Gegenstands wie Pylone, Stange, Fass, Zaun) das gleiche Wort wie im klassischen Agility beim Springen einer Sprunghürde von hinten, kann es passieren, dass der Hund den ganzen Sprung umläuft.
Keine Angst muss man davor haben, dass der Hund plötzlich unter den Sprüngen durchläuft. Vereinzelt kann es aber vorkommen, dass der Hund mehr Stangen als vor dem Hoopers-Agility reißt.

Der Fairness halber ist beim Parcoursaufbau darauf zu achten, dass lediglich die Geräte, die im Parcours verwendet werden, auf dem Platz stehen. Übrige Hilfsmittel wie Fässer oder Zäune, vielleicht sogar ein zweiter Parcours angrenzend, sollten in unerreichbarer Entfernung stehen. Der Hundeführer kennt seinen Kurs (Weg) und achtet dabei nicht auf Geräte, die in der Nähe des Parcours stehen. Er nimmt beim Führen lediglich Einfluss auf das Gerät, welches an der Reihe ist. Aus Sicht des Hundes kann dies jedoch oft anders gedeutet werden und ein „Außen" wird nicht am Fass, sondern zum Beispiel am zum Filmen aufgestellten Stativ ausgeführt. Sportlich faires Führen bringt Erfolg durch Gelingen. Ratsam sind weit auseinandergestellte Trainingsinseln, sodass von vornherein kein Hund den Streckenverlauf anders deuten kann.

Da einige Vierbeiner zum räumlichen Verknüpfen neigen, sollten Geräte bzw. Kombinationen oder Figuren nicht immer an der gleichen Stelle stehen. Anfangs kann dies zwar eine Hilfe beim Grundlagentraining sein, später sollte jedoch darauf geachtet werden, dass die Geräte mal längs, mal quer stehen.
Auf eine beidseitige Führung (der Hund wird mal rechts vom Hundeführer und mal links vom Hundeführer geführt) sollte ebenfalls großer Wert gelegt werden, damit sich nicht eine sogenannte „Schokoladenseite" beim Handeln entpuppt.

Beim Parcoursbau ist darauf zu achten, dass Fässer, Zäune und Tunnel nicht grundsätzlich als Motivationsgeräte, die den Hund nach vorne ziehen, eingebaut werden. Da Fässer, Zäune und Tunnel in der Regel gern vom Hund angenommen werden, werden diese gerade beim Anfängertraining als Magnet benutzt. Wird im Hoopers-Agility diesen Geräten zu viel Aufmerksamkeit geschenkt und werden sie zu oft eingebaut und zu oft bestätigt, werden sie im Vergleich zum Hooper als Lieblingsgerät für den Hund erkoren und spätere Probleme sind vorprogrammiert. Der Hund wird nur mit viel Mühe an Verleitungen wie Fässer, Zäune und Tunnel vorbeikommen. Daher ist es sehr wichtig, dem Hund in reinen Hoopers-Kombinationen den Spaß zu vermitteln und hierfür zu bestätigen. Abwechslungsreiches und durchdachtes Training ist hier also gefragt.

Das Problem Tunnel

Nachdem diese neue Sportart in Deutschland eingeführt worden war, sammelten wir die ersten wertvollen Erfahrungen mit den eigenen Hunden und erkannten rasch, dass ein gebogener 6-Meter-Tunnel eine böse Falle für einen schnellen Hund sein kann, wenn er beispielsweise mit den Pfoten in den Tunnelfalten hängen bleibt. Das führt nicht selten zu Krallenabrissen oder Zerrungen. Denn auch beim Hoopers-Agility kann ein Hund im Parcours durchaus sehr schnell werden und taucht dann oft noch heftiger in den Tunnel ein als im klassischen Agility.

Aufgrund dieser Erfahrung wurde für das Training die Verwendung dieses Geräts verbessert. Heute werden vor allem Tunnel mit einer Länge von 1 Meter und einem Durchmesser von 80 cm (gemäß dem VDH-Reglement) verwendet. Ein großer Hund muss sich dabei nicht so sehr bücken und die im gebogenen und langen Tunnel entstehenden Tunnelfalten, an denen die Hunde mit ihren Pfoten hängen bleiben könnten, entfallen. Zusätzlich kommt noch hinzu, dass sich dieser 1-Meter-Tunnel einfacher lagern, aufbauen und sicherer befestigen lässt.

Die Verwendung von kürzeren Tunneln hat sich beim Hoopers-Agility bewährt, um besonders schnelle Hunde vor Verletzungen zu schützen.

Werden dennoch lange Tunnel aus dem klassischen Agility verwendet, sollte darauf geachtet werden, dass diese möglichst in der Geraden liegen. Werden sie gebogen aufgestellt, sollte der vorherige Streckenverlauf entsprechend angepasst werden, damit der Hund nicht mit zu hohem Tempo in den Tunnel hineinläuft. Fässer und Zäune sind ebenfalls perfekte Hindernisse für Richtungswechsel – wie später noch beschrieben wird – und können den langen gebogenen Tunnel gut ersetzen.

Den Hund nicht überfordern

Distanzarbeit ist nicht allen Hunderassen mit in die Wiege gelegt und viele müssen es erst erlernen. Der Hund lernt, sich mithilfe einer Wendepylone oder einer Wendestange vom Hundeführer zu entfernen. Dabei wird die Distanz allmählich immer größer. Hat der Hund Spaß an der Distanzarbeit gefunden, können Figuren, wie zum Beispiel das Viereck, eingeübt werden. Sitzen die erlernten Figuren und Kommandos, können diese in einem Parcours umgesetzt werden.

Da der Hundeführer selbst nicht mitläuft und dadurch auch nicht ermüdet, besteht die Gefahr, den Hund zu überfordern. Daher ist es sinnvoll, auf die Anzahl der Wiederholungen beim Training zu achten, um den Hund körperlich und geistig nicht zu überanstrengen. Ein überforderter Hund macht Fehler, der Erfolg bleibt aus und der Spaß hört dann auf.

Warm-up und Cool-down

Jeder Sportler lockert vor dem Training die Muskulatur, dehnt Sehnen und Bänder und bringt seinen Puls auf die entsprechende Frequenz, um sich einerseits vor Verletzungen zu schützen und andererseits bessere Ergebnisse zu erzielen. Denn ein aufgewärmter, mit Blut und somit mit ausreichend Sauerstoff versorgter Muskel ist ein geschmeidiger und leistungsbereiter Muskel!
Genauso sollte es natürlich auch mit unseren Hunden erfolgen. Auf keinen Fall darf man seinen Hund nach der Autofahrt zum Hundeplatz so lange im Auto sitzen lassen, bis er an der Reihe ist, und dann ohne Aufwärmübungen gleich mit dem Training beginnen.
Wenn der Hund im Auto ruht, läuft der Muskelstoffwechsel auf Sparflamme, die Muskulatur wird nicht so gut durchblutet, der Reibungswiderstand zwischen den einzelnen Muskelfasern und in den Gelenken ist noch relativ hoch. Der Hund ist noch ein wenig steif. Atmung und Herz-Kreislauf-System sind auf die Ruhephase eingestellt. Durch ein wenig Aufwärmtraining wird der gesamte Organismus des Tieres auf die bevorstehende Anstrengung vorbereitet.

Wenn der Hund aus dem Auto ausgestiegen ist, darf er sich erst mal in aller Ruhe strecken und dehnen. Man sollte ihn nicht sofort in der Gegend herumflitzen lassen. Wer mag, kann seinen Hund mit der flachen Hand fest über den gesamten

Vor dem Training sollten die Hunde langsam aufgewärmt werden.

Körper und die Gliedmaßen streichen. Das fördert die Durchblutung und erwärmt die Muskulatur, was besonders bei kalten Temperaturen sinnvoll ist.
Dann dreht man eine kleine „Aufwärmrunde". 10 Minuten Schrittgehen und leichtes Jogging erhöhen die Pulsfrequenz und bringen den Kreislauf in Schwung. Außerdem hat der Hund dann die Möglichkeit sich zu lösen. Hat man die Gelegenheit, kann man den Hund etwas über Baumstämme, eine Treppe und Ähnliches gehen lassen. Das bereitet die Gelenke auf die bevorstehende Belastung vor und lockert die Wirbelsäule. Tempoübergänge von Schritt, Trab und Galopp gefolgt von Wendungen fördern Beweglichkeit und Koordination.
Ist der Hund einmal aufgewärmt, sollte er in Bewegung bleiben. Kühlt er in einer längeren Pause ab, muss die gesamte Aufwärmphase wiederholt werden!

Auch nach getaner Arbeit sollte der Hund nicht sofort wieder ins Auto gebracht oder in seiner Box abgelegt werden. Denn das abrupte Ablegen oder Absetzen nach intensiver Bewegung kann zu einem Versacken des Blutes in den weit geöffneten Gefäßen und zu raschem Pulsabfall führen.
Nach dem Training empfiehlt es sich daher, noch 5 bis 10 Minuten in lockerer Bewegung – anfangs ein langsames Joggen, gefolgt von einer Runde Schritt – zu bleiben. Der Hund sollte jetzt idealerweise gut ausgearbeitet, aber nicht körperlich völlig erschöpft sein.

Die Ausrüstung für Hoopers-Agility

Die erforderliche Ausrüstung für das Hoopers-Agility ist überschaubar. Sie besteht aus fünf eigentlichen Geräten und einigen kleineren Hilfsmitteln. Ein klarer Vorteil dieser Ausstattung ist: Alle Geräte und Hilfsmittel sind leicht und die meisten lassen sich mit wenigen Griffen zusammenstecken, -schieben oder -rollen. Daher sind sie einfach zu handeln und zu transportieren.

Erforderliche Geräte und Hilfsmittel für das Training

Die Geräte

Hooper

Das wichtigste Gerät ist natürlich der Hooper. Die Abmessungen sind gemäß des VDH-Reglements 90 +/-5 cm lichte Weite, Höhe mindestens 100 cm, Ausleger zum Stützen 55 +/-5 cm, Seitenhöhe mindestens 55 cm und der Materialquerschnitt sollte 20 bis 40 mm betragen.

Fass

Das Stahlfass, welches als Hindernis aus dem Pferdespringsport bekannt ist, wird aufgrund der Lagerung und des Gewichtes durch einen einfachen, leichten Garten-Laubsack oder eine Plastiktonne ersetzt. Die Höhe sollte mindestens 70 cm und der Durchschnitt mindestens 45 cm betragen.

Tunnel

Tunnel sollten in einer für den Hund gut sichtbaren Farbe ausgewählt werden. Die Maße betragen gemäß dem VDH-Reglement für den Durchmesser 80 +/- 5 cm und

Hooper

für die Länge 100 +/- 5 cm. Zwischenzeitlich besteht sogar beim NADAC in den USA Interesse an der „deutschen Hoopers-Variante" mit 1-Meter-Tunneln.

Zaun

Gemäß des VDH-Reglements hat der Zaun (Gate) eine Breite von 100 bis 130 cm und eine Höhe von 90 bis 110 cm. Die Ausleger als Stützen sollten 55 +/- 5 cm lang sein. Der Materialquerschnitt sollte 20 bis 40 mm betragen.

Fass

Tunnel

Slalom

Zaun

Slalom

Der Slalom wurde ebenfalls vom NADAC übernommen und setzt sich aus fünf Hoopers zusammen, welche fest auf einer Metallschiene angebracht sind. Die Hoopers sind eng nebeneinander angebracht. Da der Hund immer mit der linken Schulter einfädelt, sollte darauf geachtet werden, dass die Füße der Slalomschiene immer von der gelaufenen Linie weg zeigen. In Wettkämpfen wird der Slalom nur bei Teilnehmern der Klasse H3 verwendet.

Weitere Hilfsmittel

Neben den oben beschriebenen Geräten sind noch einige Hilfsmittel für das Training sinnvoll. Die im Folgenden beschriebenen Hilfsmittel haben sich sehr bewährt und bieten folgende Vorteile:

- Der Einsatz von Hilfsmitteln führt schneller zum Erfolg.
- Führfehler des Hundeführers fallen nicht ins Gewicht.
- Der Hund verknüpft schneller die Übungen.
- Die Fehlerquote ist sehr gering
- Hunde, welche zum Bellen neigen, schaukeln sich nicht so schnell hoch, da die Aufgabenstellung klar ist.

Wendepylone

Die Wendepylone ist im Hoopers-Agility hilfreich, um Grundkommandos aufzubauen, und dient gleichzeitig als „Motivationsgerät" – als Motivationsgerät daher, da es in der Regel das erste Element beim Einstieg ist und dieses immer positiv und spaßig aufgebaut wird. Dieses Training kann außerhalb der regelmäßigen Trainingsstunden zu Hause geübt werden und wird durch die ständige Belohnung für den Hund ganz toll und wertvoll.

Wie der Name „Wendepylone“ schon aussagt, wendet der Hund nach dem Abarbeiten in eine andere Richtung und/oder kommt zum Hundeführer zurück.
Die Wendepylone kann im Parcours als Hilfsmittel für Richtungswechsel, als Geräteverbindung und als Leitlinie eingesetzt werden oder nach getaner Arbeit im Ziel den „Zahltag“ einläuten.
Trainiert der Hund in anderen Sportarten mit Pylonen, kann genauso gut eine Stange oder ein Weidepfosten stattdessen verwendet werden.
Die Pylone einige Meter nach dem Ziel läutet nicht nur den Zahltag ein, sondern verhindert, dass der Hund sich schon vor dem letzten Hooper ausbremst, um möglichst schnell an seine Belohnung zu kommen. Der Hund zieht im Ziel dadurch besser durch.
Die Pylone kann als selbständiges Gerät angesehen werden und es ist ratsam, ihm einen speziellen Namen zu geben.

Die Pylone ist eines der wichtigsten Hilfsmittel zum Aufbau der Grundkommandos.

Die Übung an der Pylone sollte mit einem speziellen Kommando verknüpft werden.

„ZAHLTAG“

Die Pylone dient also als selbstständiges Gerät beim Grundlagentraining und läutet den „Zahltag“ ein.

Bei den meisten Hundeführern ist das Pylonenkommando „Außen“, was aber eventuell zu Missverständnissen führen kann. Ich selbst habe dies mit meinen Hunden nie erlebt, das liegt jedoch daran, dass ich sie noch nie um Bäume oder andere Gegenstände mit diesem Kommando geschickt habe. Erlebt habe ich bei Hunden, die eben beim Spaziergang um Bäume geschickt werden, dass es zu Missverständnissen im Bezug auf das Objekt, welches umlaufen werden soll, kam.

Aus meiner Erfahrung haben diese Hunde auf das Kommando immer das größere Objekt vor ihren Augen umlaufen. So stand zum Beispiel eine Wendepylone in der Nähe einer Tanne, wobei der Hund nichts mit der Pylone anfangen konnte und die Tanne, also das größere Objekt, umlief. Darum sind wir zwischenzeitlich dazu übergegangen, diese Hilfspylone mit einem anderen Kommando zu belegen.
Gute Erfahrungen haben wir mit dem Kommando „Hinten“ oder „Pylone“ gemacht, da dies dem Hundeführer auch leicht von den Lippen geht.

Das Training mit der Wendestange erfolgt genauso wie mit einer Pylone.

Wendestange

Anstatt mit einer Pylone kann auch mit einer in den Boden gesteckten Stange gearbeitet werden. Ideal dafür geeignet sind die Kunststoffstangen, die man beim Aufstellen von Schafzäunen verwendet. Die Bedeutung und der Aufbau des Trainings mit der Wendestange sind ebenso wie bei der Wendepylone.

Bodentarget

Das Bodentarget kann ein beliebiger Gegenstand sein, der flach auf den Boden gelegt wird. Es muss jedoch vor dem Einsatz konditioniert werden. Die Konditionierung kann unterschiedlich erfolgen. Optimal ist es, wenn der Hund das Bodentarget auf Kommando mit den Pfoten berührt.

Zunächst lernt der Hund, dass es ein Spielzeug oder Futter gibt, wenn er das Bodentarget berührt. Der Hund wird das Target sehr schnell spannend finden und man kann ein Kommando (zum Beispiel „Touch") für das Berühren des Targets einfließen lassen.
Wenn der Hund das richtig verknüpft, wird das Target in einer immer etwas größer werdenden Entfernung ausgelegt, sodass der Hund schließlich aus Distanz zum Target geschickt werden kann.

Wie die Wendepylone oder Wendestange soll das Bodentarget als Fixpunkt für den Hund fungieren.

Hat der Hund seine Aufgabe verstanden und das Target berührt, ist es ratsam, die Belohnung immer aufs Target zu legen. So verknüpft der Hund nicht nur das Hinlaufen zum Target mit Berührung, sondern sucht auch dessen Nähe, was wiederum wichtig ist für die Distanzarbeit.

Angenommen, der Hund würde nach der Berührung des Targets beim Hundeführer bestätigt, so wäre er bestrebt, möglichst schnell zum Hundeführer zurückzukommen und ist schon beim Berühren des Targets auf der Flucht. Oder er würde „schummeln" und das Target nicht richtig berühren. Beides wäre ungünstig für den weiteren Trainingsaufbau.

Im Hoopers-Agility setzen wir das Bodentarget zum Erlernen der Richtungskommandos und am Start ein, es wird jedoch nicht zum Locken verwendet. Mit Locken ist gemeint, dass dem Hund Spielzeug oder Futter auf das Bodentarget gelegt wird, zu dem er nach vorne hinlaufen soll. Auch hier gilt, den Hund nicht auf Sicht zum Spielzeug oder Futter laufen zu lassen. Erst die Arbeit, dann der Lohn!

Wir setzen das Bodentarget auch ein, um einen Hund, der nur noch völlig aufgeregt durch Hoopers und Tunnel rennen will, quasi wieder „auf den Boden" zu holen. Hier bekommt das Bodentarget eine ganz andere Bedeutung. Handelt es sich um einen Hund, der in den „Laufrausch" kommt, machen wir den Hund nicht durch Frust oder lautes Rufen langsam, sondern wir drosseln die Aufgabe und üben wie am Start nur mit einem Hooper und dem Bodentarget als Abschluss. Kann der Hund sich wieder auf diese eine Aufgabe konzentrieren und nimmt das Bodentarget sofort an, ohne weiterzulaufen, wird dafür bestätigt. Dann kann man auch wieder mit dem Arbeiten von mehreren Geräten beginnen.

Hasendraht

Der Hasendraht ist beim Anfängertraining nicht wegzudenken. Da der Hund nach dem Abarbeiten eines Geräts die Nähe des Hundeführers sucht und zurückkommen möchte, unterstützt der aufgestellte Zaun, der die Geräte verbindet, das Weiterarbeiten.

Der Hasendraht ist für das Anfängertraining sehr hilfreich.

Der Hasendraht wird im Handel auf einer 10-Meter-Rolle angeboten und lässt sich einfach an den Geräten mit Kabelbinder oder eingehakt an Schafzaunstangen anbringen. In der Regel reicht es aus, die Seite, auf der der Hundeführer steht, damit abzusichern.
Außerdem setzen wir Hasendraht bei der Pylonenarbeit ein. Der Hasendraht wird seitlich neben die Pylone in Richtung des letzten Geräts befestigt. So steuert der Hund nach dem letzten Gerät automatisch die richtige Seite der Pylone an und kann gleichzeitig nach dem Umlaufen der Pylone nicht nochmal die Geräte auf seinem Rückweg zum Hundeführer mitnehmen.

Ballmaschine

Die Ballmaschine ist ein „Luxus"-Hilfsmittel und ersetzt einen Helfer. Es gibt speziell für den Hundeport entwickelte elektronische Ballauswurfmaschinen, die im Zielbereich versteckt werden können. Somit kann der Ballauswurf als Bestätigung für den Hund ferngesteuert werden.

Der Ball wird erst geworfen, wenn der Hund seine Aufgabe erfüllt hat (a). Dann wird er auf den Ball aufmerksam und dadurch bestätigt (b).

Vorteil ist, dass die Bestätigung zur richtigen Zeit und in die richtige Richtung erfolgt, ohne dass der Hund dies vorher sieht. Daher sollte man auch darauf achten, dass der Ball ungesehen vom Hund eingelegt wird und sich der Hund nicht selbst bedienen kann.

Bei der Verwendung der Ballmaschine ist das Timing sehr entscheidend. Der ausgeworfene Ball soll nicht den Hund nach vorne ziehen oder locken, sondern das Werfen soll zeitlich so abgestimmt sein, dass der Ball erst nach getaner Arbeit dem Hund zugänglich gemacht wird. Optimal ist dabei, dass der Hund nicht damit rechnet und sich noch in der Vorwärtsbewegung befindet.

Absperrband, Farbspray oder Kreide

Diese Hilfsmittel dienen zur Bodenmarkierung für den Führbereich. Ebenso kann man damit den Standort von Geräten markieren, die beim Training weggenommen werden, um zu sehen, wo sie später im Parcours wieder aufgestellt werden müssen.

Timer

Beim Hoopers-Agility unterschätzt der Hundeführer oft die Anstrengung des Hundes. Damit der Hund nicht überfordert oder überanstrengt wird, sollte daher mit einem Timer gearbeitet werden. Je nach Übung reichen 2 Minuten Training am Stück vollkommen aus. Danach sollte eine Pause erfolgen.

Hilfsperson

Der Hundeführer kann die Grundkommandos in Eigenregie mit dem Hund trainieren. Jedoch sollte spätestens dann, wenn mehrere Elemente am Stück geführt werden, ein waches Auge auf ihn blicken. Da es derzeit noch keinen anerkannten Trainertitel gibt, nennen wir das wache Auge „Hilfsperson", welche die Aufgabenstellung plant, das Training durchführt und auswertet, über Methoden- und Vermittlungskompetenz verfügt und sich mit Fragen der Motivation auseinandersetzt.

Die Hilfsperson sollte Kenntnisse über verständliche Übungen und Trainingsformen sowie über die Entwicklung hinsichtlich körperlicher, geistiger und seelischer Belastungen besitzen und über eigene Erfahrungen mit den verschiedenen Techniken verfügen.
Wichtig ist für den Hundeführer, dass die Hilfsperson Fehler im Trainingsprozess erkennt und individuell korrigiert.

Besonders entscheidend ist die Hilfestellung beim Belohnen.

- Der Hund soll nicht wissen, dass die Hilfsperson das Spielzeug oder Futter verwaltet.
- Die Hilfsperson soll den Hund nicht locken, weil sie sonst womöglich selbst zum Fixpunkt für den Hund wird.
- Die Hilfsperson soll, um das Spielzeug oder Futter im Ziel zu werfen, immer auf derselben Seite wie der Hundeführer stehen und nicht frontal zum Hund werfen, sondern von hinten nach vorne ins Ziel. Die Garantie, dass das Spielzeug oder Futter vom Hund im Ziel gesehen wird, ist auf dieser Seite eher gegeben und der Hund verknüpft es als Belohnung vom Hundeführer.

Grundlagen für das richtige Training

Wie immer gilt es, Hund und Mensch geduldig und in kleinen Schritten an ein neues Hobby heranzuführen. Grundvoraussetzung ist die Motivation des Hundes und seines Menschen sowie das Wissen um das richtige Timing und die Körpersprache.
Da das richtige Timing und die Körpersprache einem angeleinten Hund nicht vermittelt werden können, sollte das Training immer mit dem Hund in Freifolge, also ohne Leine, erfolgen.

Das Training erfolgt immer ohne Leine.

Methoden zum Trainingsaufbau

Es gibt verschiedene Methoden, wie man das Training aufbauen kann.

Mitlaufen
Beim Mitlaufen begleitet der Hundeführer anfangs seinen Hund und arbeitet sich nach jedem erfolgreichen Durchgang Richtung Führbereich vor, bis er von dort aus die Sequenz oder den Parcours führen kann.

Geringer Abstand zwischen den Geräten
Die Geräte werden sehr eng aneinandergestellt und der Führbereich ist nicht weit entfernt.

Aus dem Stehen
Der Hundeführer steht von Anfang an.

Egal für welche Art Aufbau man sich entscheidet, „es führen alle Wege nach Rom". Auch im Hoopers-Agility sollte man speziell auf die Bedürfnisse des Teams eingehen. Fakt ist, dass die letzte Methode, welche wir hier genauer vorstellen, die schwierigste Methode ist.

Beim Mitlaufen lernt der Hund durch Wiederholungen den Parcours auswendig und die Fehlerquote liegt ziemlich niedrig. Diese Ausbildung ist etwas wässrig, da der Hund vom eigentlichen Distanzaufbau nicht viel lernt, weil der Hundeführer immer als erster agiert und der Hund nicht zum selbstständigen Tun angehalten wird.

DIE WICHTIGSTEN GRUNDSÄTZE FÜR DEN TRAININGSAUFBAU

- *Die* **Bestätigung***: Der Hund soll sich nicht selbst durch eigenständiges, willkürliches Weiterarbeiten bestätigen. Wird der Parcours in Sequenzen trainiert, sollte entweder eine Wendepylone oder eine Wendestange aufgestellt werden oder das Spielzeug/Futter wird am Ende der Sequenz in den Streckenverlauf geworfen.*
- *Der* **Start***: Das Abrufen sollte immer perfekt funktionieren, egal wo der Hundeführer steht.*
- *Der* **Hundeführer***: Der Hundeführer sollte immer auf den Führbereich achten. Wenn das Führen aus dieser Distanz nicht möglich ist, sollte man nicht mogeln, indem man den Distanzbereich verkleinert oder gar mitläuft, sondern diesen Übungsabschnitt erst mit Hilfsmitteln erarbeiten.*
- *Das* **Übungsende***: Jede Übung sollte immer mit einem „Außen“ (siehe S. 42 f.) an der Pylone oder der Stange enden.*

Nach der zweiten Methode stellt sich anfangs rasch ein Erfolg ein. Später wird es dann dem Hund aber viel Mühe machen, in einem Distanzbereich von über 10 Metern zu arbeiten.

Die Methode von Anfang an aus dem Stehen ist die schwierigste Methode, bei der zu Beginn die meisten Fehler gemacht werden und der Hund vor dem Frust bewahrt werden muss.
Beim Arbeiten aus dem Stehen werden dem Hund erst die Hilfsmittel wie Pylone, Stange oder Target schmackhaft gemacht und es erfolgt dann die Basisarbeit wie weiter hinten beschrieben wird.
Der Hundeführer sollte zwar oft seinen Ausgangspunkt bei jeder Übung verändern, damit keine räumliche Verknüpfung beim Hund stattfindet, während der Übung steht er jedoch festgewurzelt an einem Fleck. Der Hund soll verknüpfen, dass er für seine Aktion – das Abarbeiten des angesagten Hilfsmittels – belohnt wird. Dem Hund soll vermittelt werden, dass er der Aktivist ist. Daher werden zu Beginn im kleinen Distanzbereich die Grundkommandos aufgebaut, die während des Übens mit jedem erfolgreichen Durchgang in den größeren Distanzbereich wechseln.
Nach diesem Prinzip vermittelt der Hundeführer durch sein Stehenbleiben dem Hund die Ruhe zum Ausführen der Kommandos. Allerdings muss man sich vor Augen halten, dass der Hund ebenso verknüpft: Es wird so lange konzentriert gearbeitet, bis sich der Hundeführer bewegt!
Warum ist das so? Da sich der Hundeführer nach der Übung zur Bestätigung bewegt, verknüpft der Hund rasch damit, dass er eine Belohnung erhält, wenn sich der Hundeführer bewegt.

Der Hund sollte immer aufmerksam auf die Signale seines Menschen achten.

Dies ist auch der Hauptgrund, warum es bei den meisten Hunden zum Konflikt kommt, wenn anfangs der Hundeführer steht und sich dann doch zum Mitlaufen im Führbereich hinreißen lässt. In den meisten Fällen geht der Hund dann in den kleineren Distanzbereich oder kommt eventuell sogar gleich zum Hundeführer zurück und fordert seine Belohnung ein.

Voraussetzung ist, dass die Basisarbeit vermittelt wurde; es darf nur das abgerufen werden, was dem Hund beigebracht wurde. Arbeitet der Hund nicht das Gewünschte ab, ist hier der entscheidende Moment, dies abzufangen, jedoch so, dass der Hund nicht den Spaß verliert. Ebenfalls muss man bei dieser Methode darauf achten, dass sich der Hund nicht „selbst bespaßt" und nach einem „Break" (englisch für „Lücke", „Pause", „Stopp") durch Weiterlaufen bestätigt.

Generell ist es ratsam, nicht mit „Falsch" oder „Richtig" zu arbeiten. Es verlangt vom Hundeführer so viel Körper- und Signalkommandos ab, dass sich der Hundeführer nicht anmaßen kann, seinen Job perfekt ausgeführt zu haben und zu glauben, nur der Hund hätte das falsch abgearbeitet.
Hunde, welche man oft nach einem „Break" nicht beachtet und denen man keine Aufmerksamkeit schenkt, weil sich der Hundeführer lediglich um einen nächsten Start bemüht, verlieren auf lange Sicht gesehen den Spaß, arbeiten langsam, weil sie nichts falsch machen möchten, oder gehen erst gar nicht mehr vom Start weg.
Optimal lösen wir die Situation so, dass der Hundeführer zu dem Gerät, welches an der Reihe war, hingeht und seinem Hund hilft, dieses Gerät zu bewältigen. Es wird mit freundlicher Stimme dem Hund vermittelt: „Schau, das haben **wir**

versemmelt ..." Es gibt Hunde, bei denen es sehr wichtig ist, dass sie beim darauffolgenden Lauf Erfolg haben. Hier kann auch gleich mit einem Hilfsmittel (Hasendraht) nachgeholfen werden.
Von Nachteil ist es, nach einem „Break" abzubrechen und einfach wieder an den Start zu gehen. In der Regel wird der Hund bei einem Neuansatz nicht über die „Bruchstelle" hinauskommen, er wird an dieser Stelle dasselbe nochmal zeigen. Der Hundeführer wird dann in der Regel sehr laut und hektisch beim Führen und es kommt nicht nur Frust beim Hund auf, sondern auch beim Hundeführer. Daher ist das Arbeiten nach einem „Break" in Verbindung mit dem Belohnungssystem, das im Anschluss ausführlich beschrieben wird, der Schlüssel zum Erfolg.
Diese Methode eignet sich eben aus diesem Grund nur für geduldige Hundeführer, die ein Fingerspitzengefühl für ihren Vierbeiner haben und wissen, wie sie mit Fehlern im Parcours umzugehen haben und eine Schuldzuweisung nicht in Betracht ziehen.
Nach der Startfreigabe soll der Hund agieren, der Hundeführer soll nicht durch Wedeln mit den Armen oder durch Anlaufen mehrerer Schritte den Anfang machen.
Arbeitet man konsequent nach diesem Prinzip, tun sich für den Hund viele Rituale auf und gerade durch diese immer gleichbleibenden Abläufe macht man es dem Hund einfach und der Hundeführer bekommt Sicherheit. Gemeint ist damit, dass zum Beispiel die Startposition vom Hund immer gleich sein sollte oder das Ende einer Übung oder eines Parcours immer mit dem Umrunden der Wendepylone/Wendestange erfolgt.

Parcoursaufbau im Training

Um den Ablauf im Training mit mehreren Personen zu vereinfachen, kann die Reihenfolge der Geräte im Parcours mit Zahlen ausgewiesen werden. So steht an jedem Gerät eine Zahl entsprechend der Reihenfolge, wie die Geräte im Parcours gearbeitet werden sollen. Mehrere Hundeführer können so zur gleichen Zeit unabhängig voneinander ihre Führstrategie ausarbeiten.
Da zu Beginn der Ausbildung die Geräteanzahl gering ist und daher keine Zahlen verwendet werden, werden diese oft beim Anfängerhund bezüglich der Gewöhnung vergessen.

TIPP

Gleich zu Beginn der Ausbildung sollten Zahlen aufgestellt werden. Diese müssen nicht der Reihenfolge entsprechen und auch nicht dicht an dem Gerät stehen. So kann sich der Hund aber einfach daran gewöhnen und wird diese später nicht als Gerät interpretieren.

So haben wir schon öfter erlebt, dass Vierbeiner, vor allem Neulinge, welche auch noch nicht im klassischen Agility geführt wurden, an der Zahl, die mit Abstand zum Beispiel neben einem Fass oder einem Zaun steht, das „Außen“ abarbeiteten und das Gerät, welches an der Reihe ist, nicht annehmen.

Ein Farbspray oder Kreide zur Bodenmarkierung sollte in keiner Hoopers-Ausrüstung fehlen. Denn beim Parcoursaufbau wird so der Standort der Geräte markiert. Auf diese Weise lässt sich im Training rasch der Parcours bei unterschiedlichen Teams zu deren Vorteil verändern und kann im Anschluss wieder problemlos in seinen Ursprung umgestellt werden.

Mit mehreren Teams in einer Trainingsgruppe wird unterschiedlich schnell das ausgearbeitete Lernziel erarbeitet. Für den jeweiligen Lernerfolg ist es wichtig, dass nur Geräte, welche auch abgearbeitet werden sollen, auf dem Platz stehen. So kann zum Beispiel das Training auf das stärkste Team in der Gruppe zugeschnitten werden und mit wenig Mühe kann ein rascher Umbau für schwächere Teams erfolgen. So kann die Reihenfolge unabhängig vom Team eingehalten werden und die Pausenzeit zwischen den Übungen ist bei allen Teilnehmern gleich.

Das Belohnungssystem

Das Belohnungssystem ist sehr entscheidend für die Lernbereitschaft. Der Hund lernt durch Verknüpfen. Hunde sind im Grunde Opportunisten. Bei ihnen geht es in der Regel nur um eins, nämlich sich selbst und ihre eigenen Vorteile. Darum muss der „Zahltag“ für die getane Arbeit stimmen.
Wird der Hund bei perfekter Arbeit entsprechend toll belohnt, lernt er viel schneller, lässt sich während des Arbeitens nicht so schnell von äußeren Faktoren ablenken, arbeitet ausdauernder, verzeiht viel mehr Führfehler und der Hundeführer bleibt Mittelpunkt im Parcours.

Immer wieder beobachten wir, dass Hunde für fantastische Arbeit ein Mini-Stück Futter erhalten oder durch Geräteweiterarbeiten belohnt werden. Oft bekommen wir auch die Aussage, dass es eine Bestätigung für den Hund sei, dass er nochmal laufen darf.
Das Spielzeug oder Futter ist der Arbeit Lohn und es geht nichts über ein gemeinsames Spiel bzw. Futter nach getaner Arbeit. Im Hoopers-Agility ist es wichtig, dass der Hundeführer im Mittelpunkt steht und nicht Geräte für den Hund wichtiger sind. Oft ist es daher nötig, dass der Hundeführer vor dem Hoopers-Training noch einen Crashkurs im richtigen Bestätigen erhält.

Es gibt so viele Hunde, die wie verrückt auf ihr Motivationsobjekt sind, jedoch der Hundeführer dies nicht einsetzt, da er der Meinung ist, der Hund würde

RICHTIGES BESTÄTIGEN

Entscheidend hierbei sind der richtige Zeitpunkt und die richtige Richtung.

zu hoch drehen und stände sich dann selbst im Weg. Und es gibt die andere Version, dass der Hund das Lieblingsspielobjekt nicht mehr hergibt oder damit davonspringt und nicht mehr kommt.
Hier sollte erst angesetzt werden. Wird das Lieblingsspielzeug/Futter richtig eingesetzt und der Hund versteht, wann und für was er es bekommt, wird er in rasender Geschwindigkeit lernen. Das kann alles geübt werden. Das Belohnungssystem ist der Schlüssel zum Erfolg.

Bis der Hund das Belohnungssystem verstanden hat, sollte von Hilfspersonen eine Hilfestellung durch das Werfen von Spielzeug/Futter geleistet werden.
Rennt der Hund mit dem Spielzeug über den Platz und will es nicht mehr hergeben, hat es oft den Grund, dass er es gleich wieder abgeben muss und diesem Abgeben aus dem Weg gehen möchte. Entweder kommt eine Schnur an das Spielzeug oder den Futterbeutel, sodass sich der Hund nicht mehr davonmachen kann, oder der Hundeführer rennt vom Hund weg, raus aus dem Parcours, und wenn sein Hund zu ihm kommt, wird ausgelassen gespielt. Es kann eventuell sogar mit einem zweiten Spielzeug gespielt und getauscht werden.
Dem Hundeführer wird im Training oft Stress genommen, wenn er nicht gleich das Spielzeug in die Tasche stecken muss, um sofort wieder an den Start zu

Auch das richtige Bestätigen mit Spielzeug will gelernt sein.

gehen. So kommt es dann auch vor, dass zum Beispiel anstatt des geliebten Balls nur ein Stück Futter gezückt wird.
Der Hundeführer muss also erst Ausschau nach dem allerbesten Spielzeug oder Futterbeutel halten und mit seinem Hund spielen lernen.

Der Hund soll sich von Anfang an die Mühe machen, selbstständig – ohne dass er Spielzeug oder Futter ständig vor Augen hat – die Distanz zu erarbeiten. Erst nach der erbrachten Leistung erhält er seine Belohnung.
Daher sollte man ihm besser nicht das Spielzeug so vorlegen, dass er genau sehen kann, wo es ist. Somit vermeidet man, dass der Hund auf Sicht arbeitet. Ebenso sollte man nicht mit dem Spielzeug oder dem Futter in der Hand arbeiten. Beim Hoopers-Agility setzen wir den Fokus auf die Ferne und stellen folgende Verknüpfung her: Spielzeug oder Futter gibt es, wenn der Hund sich entfernt.
Bei der Bestätigung sollte darauf geachtet werden, dass das Übungsende nicht mit dem Umdrehen des Hundes und dem entstehenden Blickkontakt zusammentrifft. Perfekt wäre es, wenn die Bestätigung während des Laufens, solange der Hund noch den Blick nach vorne gerichtet hat, ausgelöst wird.

Hunde, die dazu neigen, sehr weite Bögen zu laufen, sollten überwiegend beim Hundeführer bestätigt werden. Hier bietet sich nach getaner Arbeit für den mit Clicker trainierten Hund der Click oder alternativ für alle anderen Hunde ein anderes akustisches Signal an, welches den „Zahltag“ einläutet. Erst beim Hundeführer wird dann gespielt oder gefressen.
Hunde, die dagegen eher an ihrem Menschen „kleben“, werden besser auf Distanz bestätigt. Das heißt, einem Hund, der sich nicht vom Hundeführer löst – also entfernt –, wird das Spielzeug oder Futter in die Richtung des nächsten Geräts geworfen. Wird das Belohnungsobjekt nicht in die entsprechende Richtung des Folgeverlaufs geworfen, wird beim Weiterarbeiten der Hund zunächst in die vorhergehende Belohnungsrichtung schauen oder sogar laufen. Dadurch entstehen unnötige Fehler.
Die meisten Hunde sind es gewohnt, dicht in der Nähe ihres Menschen zu arbeiten, da die Hundeführer bei der Grundausbildung Wert darauf legen, dass der Hund sich nicht zu weit von ihnen entfernt. Das führt anfangs dazu, dass sich der Hund im Hoopers-Agility nicht wirklich traut, weit und schnell vom Hundeführer weg zu arbeiten.
Ein unsicherer Hund wird viel nach seinem Hundeführer schauen und sich daher langsam bewegen. Hier müssen die Aufbauschritte kleiner gehalten werden, damit der Hund oft zum Erfolg, also zu seiner Belohnung kommt. Wir empfehlen auf alle Fälle mithilfe eines Timers zu arbeiten und nach Ablauf der Trainingszeit eine längere Pause zu machen.
In der Trainingszeit wird beim Belohnen nicht nur ein Stück Futter gegeben, um möglichst oft und viele Wiederholungen machen zu können, sondern es wird ausgiebig gespielt oder gefüttert und somit dem Hund verdeutlicht, dass diese neue Art der Arbeit der Himmel auf Erden ist.

RICHTIG BELOHNEN

Richtiges Belohnungssystem nach dem Abarbeiten von Wendepylone/ Wendestange:

- *Hunde, die in großer Entfernung arbeiten, werden beim Hundeführer bestätigt.*
- *Bei Hunden, die eher „kleben“, wird das Spielzeug oder Futter vom Hundeführer weggeworfen, aber nicht dem Hund entgegen.*

Richtiges Belohnungssystem nach dem Abarbeiten des letzten Geräts ohne Wendepylone/Wendestange:

- *Die Bestätigung wird immer in den Streckenverlauf in Richtung des nächsten Geräts geworfen.*

Richtiges Belohnungssystem nach dem Abarbeiten des Bodentargets:

- *Das Spielzeug oder Futter wird immer auf das Target gelegt.*

Die Belohnungshappen sollten sehr groß sein. Der Grund dafür ist das Handling bei vielen Hundeführern. Wer kennt es nicht: Man arbeitet mit zu kleinen Futterstückchen, die beim Verabreichen auf den Boden fallen, und im Anschluss saugt sich der Hund im Gras fest und die Konzentration ist weg bzw. der Fokus im Gras.

Kommunikation mit Stimme und Körper

Beim Training spielen sowohl die Kommandos als auch die Körpersprache eine wichtige Rolle. Da beim Hoopers-Agility der Hund auf Distanz arbeiten soll und daher seinen Hundeführer nicht immer im Blick hat, muss er auch ohne Blickkontakt auf die Hörzeichen richtig reagieren.

Kommandoansage

Bei der Art der Kommandoansage sollte sich jeder Hundeführer für eine Variante entscheiden. Alle hier vorgeschlagenen Kommandos können selbstverständlich mit anderen Namen belegt werden. So kann zum Beispiel anstatt „Außen“ auch „Pylone“ oder „Hinten“ gesagt werden. Anstatt „Vor“ kann das Kommando mit „Lauf“, „Weiter“ oder „Go“ belegt werden. Jeder Hundeführer muss das für sich und den Hund passende Wort vor der Konditionierung definieren.

Das Einsetzen der Stimme durch ständige Kommandogabe kann motivierend auf den Hund wirken und dem Hund Sicherheit vermitteln. Es kann aber genauso gut dem Hundeführer mehr Energie und Konzentration beim Führen geben.
Für den Hund wird es aber schwierig, wenn sich der Hundeführer für die einmalige Kommandoansage entscheidet. Erhält der Hund einmalig das Kommando, arbeitet er dieses zwar sicher ab, folgt das neue Kommando, wird der Hund in der Regel aber Sichtkontakt zum Hundeführer aufnehmen und kommt dadurch viel schneller von der Linie ab. Er wird den Sichtkontakt aufnehmen, da aus der

Ruhe plötzlich die Stimme ertönt. Dies ist mit dem Laufen im Parcours und dann dem plötzlichen Stehen (siehe auch „Körperbewegung“) zu vergleichen.

Das Führen mit Führarm, Gegenarm und beiden Armen

Bei der Körpersprache spielen vor allem die Sichtzeichen mit dem Arm eine große Rolle. Gearbeitet wird, egal ob mit Führarm, Gegenarm oder beiden Armen, nach dem „Lampenprinzip“ (siehe Kasten).

DAS „LAMPENPRINZIP“

Stellt man sich einen Parcours bei Nacht vor, müsste der Hundeführer eine Lampe auf der Brust tragen, um seinen Hund führen zu können. Dabei führt der Hundeführer deutlich mit seiner Brust, sodass das Licht immer auf das Gerät, welches an der Reihe ist, zeigt. Der Hund kann Gerät für Gerät abarbeiten.

Spannend ist hier ein Spiel im Dunkeln. Hierfür stellt man sich in einen Führbereich und beginnt in Trockenarbeit ohne Hund, Licht in den Parcours zu bringen. Es muss sehr genau gedreht werden.
Geht das „Lampenprinzip“ in Fleisch und Blut über, wird die Teamarbeit zur Harmonie.

Als Führarm bezeichnet man den Arm auf der Seite, auf der sich der Hund befindet. Läuft der Hund zum Beispiel an meiner rechten Seite, ist gleichzeitig mein rechter Arm der sogenannte Führarm.
Das Führen mit dem Führarm bringt mehr Dynamik in das Team. Der Hundeführer wirkt nicht zu kontrolliert, da nicht die gesamte Körperfront vom Hund gesehen wird. Viele Hunde finden diese Führart angenehmer.
Die Gegenarmführung (Gegenarm ist der Arm, welcher sich nicht auf Seite des Hundes befindet) ist eine kontrollierte Führung. Sie ist gut geeignet für Hunde, welche weite Bögen laufen. Die Körperfront kontrolliert den Hund und zeigt nicht weitläufig in den Streckenverlauf, sondern auf das jeweilige Gerät bzw. auf den Hund.

Generell sollte der Hundeführer nach seinem Bauchgefühl entscheiden, ob er mit dem Führarm oder dem Gegenarm führen möchte. Für viele Hundeführer ist es eine Erleichterung und Hilfe, mit dem Gegenarm zu führen. Sie drehen sich dann nicht zu schnell ab und die „Lampe“ zeigt automatisch in die richtige Richtung.

Eine weitere Möglichkeit ist das Führen mit beiden Armen. Dabei ist der Gegenarm der eigentliche Führarm und der andere Arm dient durch Bewegung als Unterstützung. Diese Führtechnik bringt durch die Armbewegung mehr Dynamik in den Hundeführer und eignet sich vor allem für Hunde, die eher langsam die Geräte arbeiten.

Hier sieht man die drei Möglichkeiten: Führen mit dem Führarm (a), mit dem Gegenarm (b) und mit beiden Armen (c).

FAUSTREGEL

Bei einem Hund, der im klassischen Agility geführt wird, sollte nach demselben Prinzip wie dort weitergearbeitet werden, da sich in der Regel das Team bereits eingespielt und der Hund gelernt hat, seinen Hundeführer zu lesen und zu verstehen.

Viele Hundeführer fühlen sich außerdem mit der Zwei-Arm-Technik wohler, da sie nicht so statisch stehen und ihren Vierbeiner besser ins Laufen bekommen. Bei hektischen Hunden ist von der Zwei-Arm-Technik jedoch abzuraten, da sie in der Regel durch zusätzliche Bewegung im Arbeiten gestört werden.

Körperbewegung

Auch hier gibt es Erkenntnisse, welche wir nutzen. Es kann nicht funktionieren, wenn der Hundeführer erst steht und sich dann schnell bewegt oder dreht. Ebenso ist es andersherum. Bewegt sich der Hundeführer und stellt plötzlich seine Arbeit ein, quasi von 100 auf 0, wird das Folgegerät den Hund nicht mehr anziehen und er wird beim Arbeiten gestört. Er dreht sich zum Hundeführer um und nimmt Kontakt zu ihm auf. Für den Hund ist es somit einfacher, wenn sich der Hundeführer im gesamten Parcours gleichmäßig bewegt.

Der Führbereich

Als Führbereich bezeichnet man ein bestimmtes Feld, welches deutlich markiert ist und von dem aus der Hundeführer seinen Hund führt.

Der Führbereich soll nach dem VDH-Reglement aus einem Kreis mit einem Durchmesser von 2 bis 1,5 m oder aus einem Quadrat mit einer Seitenlänge von 2 bis 1,5 m bestehen. In Einzelfällen können die Maße nach Absprache verändert werden. Für die Basisarbeit und das Training können die Maße natürlich erst einmal abweichen, um mit dem Hund die Grundlagen zu erarbeiten.

Der Hund wird vom Führbereich aus geführt.

FÜR ALLE EINSTEIGER

Was der Mensch sieht und empfindet, sollte sich damit decken, was der Hund wahrnimmt. Spannend ist, wenn man das Ganze zuerst ohne seinen Hund, aber stattdessen mit einem Zweibeiner durchspielt. Der Zweibeiner sollte dabei die Augen geschlossen haben und nach Möglichkeit nicht die Aufgabenstellung kennen.

Parcoursbesichtigung

Wenn die Aufgabe darin besteht, viele hintereinander folgende Geräte zu arbeiten, wird dieses Thema interessant. Damit der Hundeführer den optimalen Weg für sich und seinen Hund finden kann, hat er bei der Parcoursbesichtigung – welche ohne Hund stattfindet – Zeit, um sich die Reihenfolge einzuprägen.
Dies wird der Hundeführer zunächst nicht aus dem Führbereich tun. Er wird erst nach den Nummern die Geräteanordnung direkt ablaufen. Nachdem die Reihenfolge bekannt ist, wird ein weiteres Mal abgelaufen, und zwar aus Sicht des Hundes. Hier muss man sich den Laufweg des Hundes mental vorstellen. Es werden Verleitungen, Richtungswechsel und Kurven mental simuliert und überlegt, welches Kommando wo und wann angebracht ist.
Erst jetzt stellt sich der Hundeführer in den Führbereich und überträgt seine Strategie mental in sein Gedächtnis und spielt alles durch.
Nun sollte der Hundeführer die Augen schließen und blind die Aufgabenstellung auswendig aufsagen. Bei einer Gedächtnislücke die Augen öffnen und nachschauen, dann aber wieder auswendig Kommandos aufsagen und dabei die Körpersprache mit einbringen.
Rasch wird man erkennen, was für seinen Hund an welcher Stelle undeutlich geführt war. Es sollte auch mal andersherum erlebt werden und jeder sollte mal den Hund spielen. Erst dann wird einem bewusst, wie wichtig der Job des Hundeführers ist und wie schnell beim Führen, bei der Körpersprache und dem Erteilen der richtigen Kommandos Fehler gemacht werden.

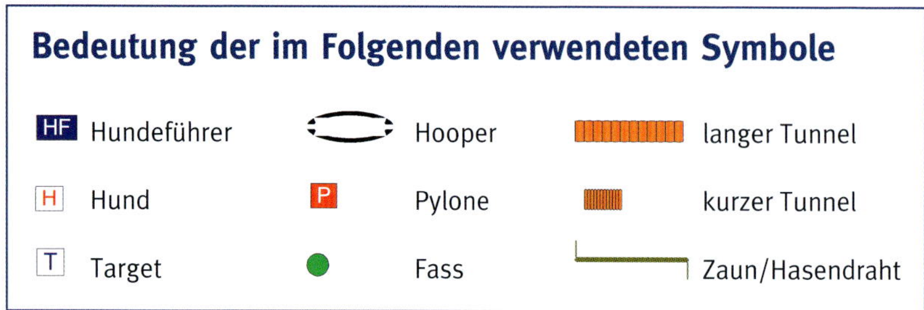

Basisarbeit

Die Basisarbeit – oder auch Grundlagentraining genannt – ist das Nadelöhr zum Spaß mit den Hoopers. Im Hoopers-Agility nutzen wir die Erfahrungswerte aus dem klassischen Agility und beginnen nicht mit den Fehlern, die wir zur Agility-Anfangszeit gemacht haben: Wir stellen einen Parcours auf und laufen diesen, egal wie.

Das Grundlagentraining ist der Weg zum Ziel.

Der Hund lernt in einfachen Schritten nach und nach und wird mit jeder dazukommenden Übung gefördert, aber nicht überfordert. Wir haben schließlich in der Schule auch erst Zahlen gelernt und dann das Rechnen. Lässt man sich mit dem Grundlagentraining viel Zeit und baut es nicht nur mit Körpersprache auf, sondern ganz bewusst auch verbal, lässt sich dies später in einem Parcours lässig abrufen.
Hier ist der Klassiker der „Start". Diese Basisarbeit wird unterschätzt. Erst wenn sich der Hund aus jeder Position des Hundeführers nach vorne arbeiten lässt, kann diese Startposition in einem Parcours abverlangt werden.

Aufbau Distanz

Im ersten Trainingsschritt lernt der Hund zunächst mithilfe von einer Wendepylone, einer Wendestange oder einem Bodentarget die Bedeutung der verschiedenen Signale wie „Vor", „Außen", „Rum" und „Weg" sowie die Richtungswechsel. Zeigt der Hund das erwünschte Verhalten, wird Schritt für Schritt die Distanz vergrößert.

Im zweiten Trainingsschritt lernt der Hund, eine Strecke mit mehreren Geräte-Elementen geradeaus von A nach B ohne seinen Hundeführer zurückzulegen. Das kann über eine Rückwärtsverknüpfung (im Englischen: backward chaining) erreicht werden. Dies bedeutet, dass der Hund das letzte Geräte-Element der Abfolge zuerst durchläuft, danach das vorletzte und so weiter.

Im dritten Trainingsschritt werden die Signale und Richtungswechsel aus Trainingsschritt 1 mit der Distanzarbeit an den Geräten aus Trainingsschritt 2 kombiniert. Je nach Trainingsstand können jetzt kurze Sequenzen und später mehrere Sequenzen zu einem kleinen Parcours ausgebaut werden. Hilfsmittel wie Wendepylone, Wendestange oder Bodentarget werden dabei Schritt für Schritt abgebaut.

Wenn die Kombination lernfreudiger, motivierbarer Hund und geduldiger Hundeführer zusammentreffen, steht einem Einstieg nichts im Weg. Beim Hoopers-

Die Übung mit der Wendepylone gehört zu den ersten Trainingsschritten.

Agility werden Konzentration und Aufmerksamkeit geschult. Der Hundeführer lenkt, führt und schickt auf Distanz und fördert damit die Bindungs- wie auch die Distanzarbeit. Für die meisten Hunde wird es eine Umstellung, da sie, sobald sie vom Hundeführer entfernt sind, immer das Bestreben zurück zum Hundeführer haben. Sie müssen lernen, dass Augenkontakt nicht notwendig ist.
Die Arbeit setzt sich aus exakten Anweisungen des Hundeführers und steigender Konzentration des Hundes zusammen. Die Wahrnehmung der Körpersprache ist genauso entscheidend wie der Aufbau verschiedener Kommandos. In den Anfängen wird der Hund im kleinen Distanzbereich gearbeitet und je nach Ausbildungsstand werden die Anforderungen und die Distanz erschwert.

Kommando „Außen“ („Hinten“, „Pylone“)

Zu Beginn führen wir den Hund tonlos, also ohne irgendein Kommando oder Hörzeichen, um eine Pylone. Der Hund wird seitlich neben dem Hundeführer positioniert und die Pylone steht vor dem Team. Nun wird der Hund mithilfe unserer Hand, welche hierbei das Sichtzeichen darstellt, mal rechts um die Pylone herum geführt und mal links.

Folgt der Hund sicher der Hand, nehmen wir das Hörzeichen dazu. Das Kommando kann zum Beispiel „Außen“ heißen. Es ist darauf zu achten, dass der Hund stets die richtige Seite umläuft. Das heißt, wird mit der linken Hand geführt, soll der Hund im Uhrzeigersinn um die Pylone herumgehen, mit der rechten Hand geführt soll er gegen den Uhrzeigersinn herumlaufen.
Hat der Hund diese Übung verstanden und mit dem Hörzeichen verknüpft, lassen wir immer mehr Abstand zwischen Hundeführer und Pylone. Wir stellen die Pylone immer wieder an anderen Orten auf und wechseln die Ausgangsposition,

Das „Außen" wird mit der Körperfront zum Gerät gerichtet ausgeführt.

sodass der Hund keine räumliche Verknüpfung mit der Umgebung herstellt, sondern gezielt die Pylone auf Kommando umläuft.
Wir üben so lange mit der Pylone, bis der Hund das Schicken kaum noch erwarten kann und vor Freude fast platzt. Am besten macht man ein Spiel daraus und steigert mit jeder gelungenen Runde die Distanz. Die Trainingseinheit sollte nicht zu lange gehen, denn oft verliert eine Einzelübung schnell ihren Reiz.

Aufbau Hooper

Der Hund kann auf verschiedene Weise mit den Hoopers vertraut gemacht werden. Im Folgenden werden zwei Trainingsmethoden vorgestellt.

- **Methode 1:** Der Hund lernt erst nach intensivem Basistraining an Pylone oder Stange einen Hooper kennen.

- **Methode 2:** Der Hund lernt, bis er mit dem Basistraining an Pylone oder Stange vertraut gemacht wurde, durch eine Hoopers-Kombination, die durch Hasendraht oder Zäune abgesichert ist, dieses Gerät kennen.

Mithilfe der Pylone lernt der Hund einen Hooper kennen.

Methode 1

Das Training nach Methode 1 kann ohne Hilfsperson erfolgen. Erst wenn der Hund Spaß an der Pylonen- bzw. Stangenarbeit gefunden hat, stellen wir einen Hooper davor.

Der Hund wird in der Regel, ohne je Kontakt zu einem Hooper gehabt zu haben, durch den Hooper laufen und um Pylone/Stange herumgehen. Umläuft der Hund den Hooper, kann es daran liegen, dass die Pylone/Stange zu eng dahinter steht und ein Durchlaufen unmöglich macht. Beim Einstieg bietet sich daher das Training an einem Zaun oder an einer Hecke an. Somit ist das Vorbeilaufen am Hooper auf einer Seite abgesichert und die andere Seite kann durch seitliches Stehen des Hundeführers beeinflusst werden. Oder die Übung wird gleich zu Beginn mit Hasendraht abgesichert (siehe Grafik unten).

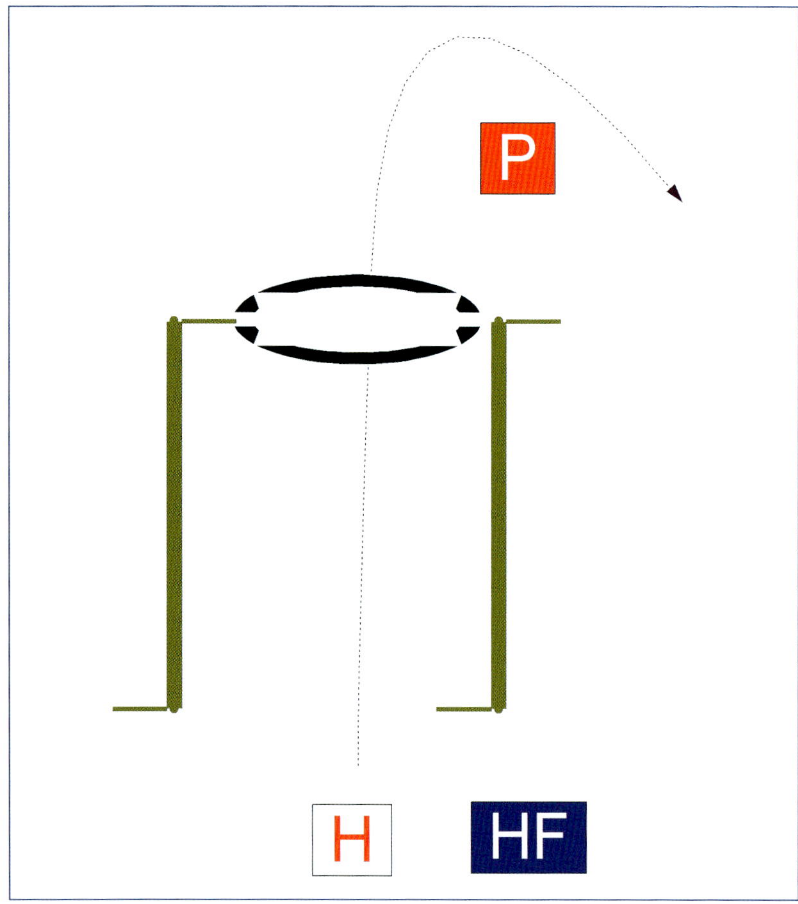

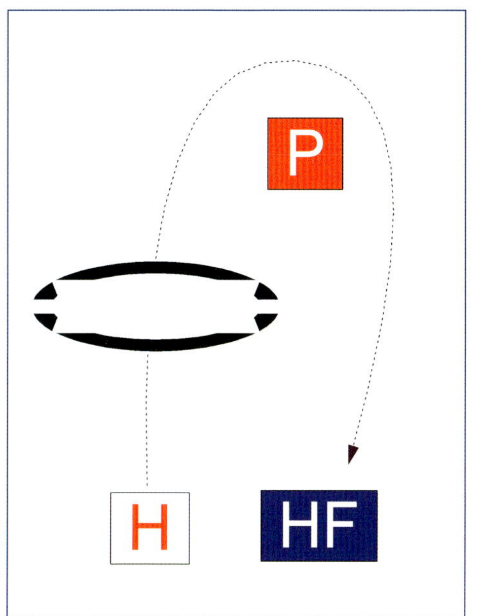

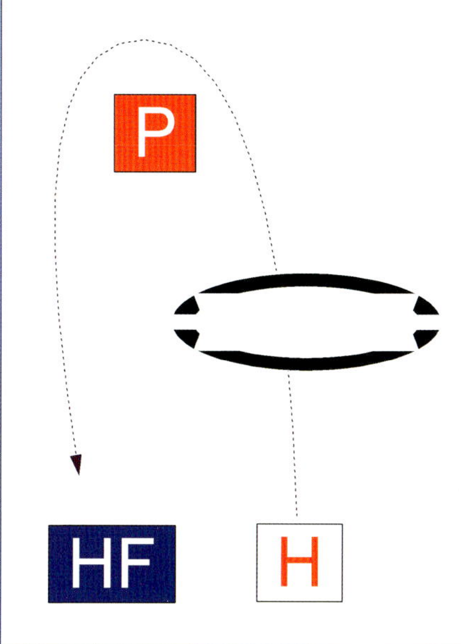

Der Hundeführer soll diese Übung immer rechts und links herum durchführen, dabei steht die Pylone/Stange immer auf der richtigen Seite des Hoopers. Soll der Hund ein linkes „Außen“ um die Pylone/Stange zeigen, muss die Pylone/Stange rechts am Hooper stehen, beim rechten „Außen“ auf der linken Seite des Hoopers (siehe Grafiken oben).

Damit der Hund die Übung richtig umsetzen kann, muss man folglich immer an das Umsetzen der Pylone/Stange denken. Die Anzahl der Hoopers kann mit dem Können gesteigert werden.

Kommando „Vor“

Sobald ein zweiter Hooper eingebaut wird, muss der Hund mit einem neuen Kommando vertraut gemacht werden. Nun heißt es „Vor“ – „Vor“ – „Außen“.
Der Hundeführer wechselt dabei ständig den Führbereich. Mal befindet sich der Führbereich seitlich vom Hund, mal hinter dem Hund, mal vor dem Hund. Die Hoopers sollten nicht zu nah hintereinander aufgestellt werden, denn der Hund soll sich gleich an einen großen Abstand gewöhnen. (Bei uns stehen die Hoopers im Schnitt zwischen 6 und 8 Meter auseinander.)
Wenn die Distanz, der Führbereich und die Anzahl der Hoopers gesteigert werden, kann es passieren, dass der Hund Hoopers auslässt und direkt zum Hunde-

führer kommt. In so einem Fall sollte man nicht lange warten und die Hoopers mit einem Zaun (Hasendraht) verbinden. Somit stellt sich der Erfolg schneller ein und der Hund verliert nicht das Interesse durch Frust.

Methode 2

Bis der Hund die Basisübungen beherrscht, kann parallel dazu natürlich auch eine andere Form von Hoopers-Training gearbeitet werden. Hierzu können beliebige Kombinationen aus Hoopers, Fässern und Tunnel aufgestellt werden. Alle Geräte werden anfangs in einer Geraden positioniert und mit Hasendraht abgesichert, sodass ein Vorbeilaufen an den Geräten nicht möglich ist.
Nach dieser Methode gewöhnen wir den Hund daran, dass er eine einfache Gerätereihe abarbeiten kann, auch wenn sein Hundeführer aus 20 Meter Entfernung führt. Benötigt wird für das Belohnungssystem ein Helfer. Ein weiterer Helfer ist erforderlich, wenn der Hund das Warten am Start noch nicht erlernt hat, um diesen festzuhalten.

Hier ein Beispiel:
Es wird eine Reihe aus vier Hoopers und dem Schutzzaun aufgestellt. Der Hundeführer geht mit seinem angeleinten Hund zum Ziel-Hooper und motiviert ihn dort mit seinem Spielzeug oder Futter. Zeigt der Hund Interesse, wird das Spielzeug dort deponiert und der Hundeführer läuft tonlos mit seinem angeleinten Hund an den Start. In der Zwischenzeit sollte der Helfer das Spielzeug wieder entfernen und sich „wurfbereit“ in die Ferne stellen. Der Hundeführer bringt seinen Hund an den Start, begibt sich in die Nähe des letzten Hoopers und ruft den Hund ab. Durchläuft der Hund den letzten Hooper, sollte das Spielzeug oder das Futter in einem Futterdummy in die Ferne fliegen.

Während des Geräteaufbaus machen wir uns zunutze, dass der Hund den Ablauf und die Gerätekombination auswendig lernt. So können wir leicht durch Wiederholungen, ohne dass große Fehler gemacht werden, den Hund daran gewöhnen, dass der Hundeführer laufend seinen Führbereich rund um die Hoopers-Reihe wechselt. Mal steht der Hundeführer am ersten Hooper, mal am dritten Hooper, mal in 5 Meter Entfernung, mal in 20 Meter Entfernung.

Wer nach dieser Methode arbeitet, sollte darauf achten, dass das Spielzeug immer nach vorne geworfen wird und der Helfer nicht als Spielzeugwerfer erkannt wird. Hier ist es nicht ratsam, die Schutzzäune allzu früh zu entfernen, denn der Hund sollte sehr lange Zeit beim Abarbeiten keinen Fehler machen können, sondern sich erst mal nur daran gewöhnen, dass sich sein Hundeführer auch ganz weit weg von ihm befinden kann. Perfekt wäre ein zweiter Helfer, der den Hund am Start bis zur Freigabe festhält.

Wird der Hund beim Laufen hektisch und springt über den Hasendraht in Richtung Hundeführer, kann es daran liegen, dass sich der Hundeführer zu schnell

Zu Beginn werden die Hoopers in einer geraden Reihe aufgestellt.

in die Laufrichtung gedreht hat und quasi dem Hund davongelaufen ist oder dass der Hund zu schnell Tempo aufgebaut hat. In so einem Fall sollte man die Übung sofort einfacher gestalten und in kleineren Schritten die Distanz zum Hund aufbauen.

Auch hier sollte man darauf achten, dass man den Hund nicht zu oft wegen eines Frühstarts zurücksetzen muss und er dadurch den Spaß am Hoopers-Agility verliert. Es ist normal, dass ein Hund, der sein Spielzeug/Futter im Zielbereich vermutet, Mühe hat, bis zur Freigabe zu warten. Es wäre unglücklich, wenn man das kontrollierte Spiel (Spielzeug/Futter liegt vor dem Hund und der Hund darf es erst bei Freigabe durch den Hundeführer nehmen), welches der Hund auch nicht außerhalb des Trainings beherrscht, in Verbindung mit dem Hoopers-Aufbau abrufen würde. Genauso wäre es unfair, wenn ein junger Hund, der sich noch nicht lange konzentrieren kann, zu lange in der Startposition verharren müsste.

Stellt diese Übung für den Hund kein Problem mehr dar, kann aus der Geraden ein Halbkreis gemacht werden. Ebenso kann, wenn der Hund den Ablauf des Trainings kennt, auf das Vorlegen von Spielzeug/Futter verzichtet werden. Dann wird dem Helfer heimlich vor dem Start die Belohnung zugesteckt, damit dieser im Zielbereich aus der Ferne werfen kann.

Auf diese Art lernt der Hund den Arbeitsablauf kennen, verknüpft die Hoopers positiv und es kann, sobald die Pylonen/Stangen-Konditionierung abgeschlossen ist, nahtlos das Erlernte zusammengeführt werden.

Die Zusammenführung sieht so aus, dass das erlernte Umlaufen der Pylone/Stange auf Kommando aus großer Entfernung mit einer Geraden verknüpft wird. Das

heißt, der Hund soll nun die Pylone/Stange umlaufen und der Hundeführer kann ihn bei sich bestätigen. Der Helfer, der sonst das Spielzeug bzw. das Futterdummy geworfen hat, kann abgebaut werden.
Die Pylone/Stange sollte nicht direkt hinter dem letzten Hooper stehen, sondern in einer Entfernung von fünf oder mehr Metern.

Wie bereits erklärt, leitet die Pylone/Stange das Ende der Übung und damit den „Zahltag" ein, hat jedoch auch zusätzlich die Aufgabe, dass der Hund nicht gleich nach dem letzten Hooper direkt zum Hundeführer eindreht. Diese Hunde nehmen sonst schon vor dem letzten Hooper das Tempo raus, um möglichst schnell zum Hundeführer zurückzukommen.
Konsequent wird darauf geachtet, dass der Hund immer die Pylone/Stange abarbeitet, daher ist es bei der Zusammenführung angebracht, nicht mit einer großen Distanz zum Hund zu beginnen. Man darf nicht vergessen, dass der Hund seither direkt sein Spielzeug/Futter bekommen hat und wird trotz der stehenden Pylone/Stange mit der fliegenden Belohnung rechnen. Die Pylonen/Stangen-Arbeit muss mit dem Durchrennen der Geraden in Verbindung gebracht werden. Es reicht daher auch ein Hooper und die Pylone/Stange aus. Hat der Hund den Zieleinlauf verstanden, wird es für ihn ganz selbstverständlich werden, egal wie schnell er läuft und aus welcher Distanz der Hundeführer führt.

Kommando „Weg"

Zu Beginn der Übung „Weg" sollte der Hund zwischen der Pylone und seinem Hundeführer stehen.

Das Kommando „Weg" ist ein Richtungswechsel-Kommando, es wird also für den Aufbau des Richtungswechsels benötigt. Man kann natürlich auch die Kommandos „Rechts" und „Links" verwenden (wird später beschrieben), aber das führt manchmal zu Verwirrungen, da oft missverstanden wird, von wo aus die Richtung rechts oder links angegeben wird – vom Menschen oder vom Hund aus. Die hier verwendete Methode ist beim Anlernen einfacher und daher beliebter. Der Richtungswechsel wird dann so trainiert, dass der Hundename das Kommando für den Richtungswechsel auf die Seite des Hundeführers ist, wogegen das Kommando „Weg" für den Richtungswechsel vom Hundeführer weg steht.

Dieses Kommando ist eines der häufigsten im Parcours verwendeten Kommandos. Es kann auch dem Hund helfen, wenn das Gerät, das sich nicht in gerader, direkter Linie vor ihm befindet, sondern nach außen versetzt steht, gelaufen werden muss. Die Ausführung dieses Kommandos wird in vielen kleinen Schritten dem Hund beigebracht.
Im ersten Schritt stellen wir uns seitlich von der Pylone hin und nehmen den Hund in die Mitte, also zwischen die Pylone und uns. Die Hand auf der Seite, an der sich der Hund befindet, ist die Führhand.
Angenommen, wir haben den Hund auf unserer rechten Seite, dann nehmen wir ein Futterstück in die rechte Hand und führen ohne Worte und langsam den

So sollte die Übung an der Pylone durchgeführt werden.

Hund erst in unsere Standrichtung und dann nach rechts um die Pylone herum. Hierbei ist darauf zu achten, dass sich dabei der Hund nicht zum Hundeführer, sondern mit dem Kopf in Richtung Pylone dreht. Diese Übung wiederholen wir rechts und links geführt so oft, bis der Hund diese Übung verstanden hat.

Im nächsten Schritt lassen wir das Kommando einfließen. Das Kommando „Weg" wird vor der Handbewegung erteilt und so lange ausgesprochen bzw. wiederholt, bis es der Hund abgearbeitet hat. Diese Übung wird ebenfalls so lange trainiert, bis man den Eindruck hat, dass der Hund eine Verknüpfung zu diesem Kommando hergestellt hat.

Nun bringen wir vor dem Kommando Dynamik in den Hund. Zum Beispiel bei einem rechts geführten „Weg" sieht das so aus: Wir drehen uns mit dem Hund an unserer rechten Seite mehrmals im Kreis linksherum. Entscheiden wir uns nun für einen Richtungswechsel, dann ziehen wir den Hund leicht an unsere Seite und erteilen das Weg-Kommando kurz vor der Pylone. Dabei halten wir die rechte Hand so lange in der Weg-Position, bis der Hund sich im Richtungswechsel befindet. Wichtig ist, dass beide Seiten – also rechts und links – gleich häufig geübt werden.

Beherrscht der Hund diese Übung, steigern wir das Ganze und gehen zum nächsten Schritt über. Nun wird die Distanz zwischen Pylone und Hundeführer vergrößert. Es kann auch mithilfe einer zweiten Pylone gearbeitet werden. Hierfür werden beide Pylonen in großem Abstand zueinander aufgestellt und der Hundeführer arbeitet aus der Mitte heraus.

So kann man zum Beispiel an der ersten Pylone die Übung „Außen" durchführen und an der zweiten das „Weg". Im Hoopers-Agility ist es von großem Vorteil, wenn der Hund dieses Kommando ausschließlich aufgrund des Hörzeichens ausführt. Daher ist es ratsam, je nach Können und Distanz die Handhilfe abzubauen.

Hat der Hund das Kommando „Weg" als Grundübung an der Pylone verstanden, kann mit Hoopers gearbeitet werden. Zu Beginn stellen wir zwei Hoopers im 90-Grad-Winkel in Verbindung mit der Abschlusspylone. Hier kommt ein Beispiel für „Weg" auf die rechte Seite:

Der Hundeführer positioniert seinen Hund mehrere Meter vor dem ersten Hooper und steht auf Höhe des Hoopers links vom Hund. Dem Hund wird die Startfreigabe erteilt. Der Hundeführer zieht mit der rechten Hand den Hund leicht in seine Richtung und erteilt das Weg-Kommando, hält dabei die Hand weiter in der Endposition und richtet so lange den Blick ins „Weg", bis der Hund das Kommando ausführt. Es ist darauf zu achten, dass der Hund sich komplett nach rechts durch den Hooper und um die Endpylone dreht. Der Hund darf nicht belohnt werden, wenn er sich zwar ins „Weg" begibt, jedoch nach links dreht.

Liebt der Hund den Tunnel, kann diese Übung genauso gut mit einem Tunnel nach dem „Weg" geübt werden. In der Regel ziehen die Hunde nach dem „Weg" besser an.

Je nach Können wird vor und nach dem Winkel die Anzahl der Hoopers erhöht. Auch hier sollte man wieder darauf achten, dass immer beide Seiten geübt werden.

Richtig schwer wird es, wenn die Distanz sehr groß ist und der Hund die Körpersprache nicht mehr deuten kann, denn dann muss er auf Hörzeichen arbeiten. Spätestens jetzt wird man für eine gute Basisarbeit belohnt.
Für Könner bietet sich nun eine Gerade mit Winkeln an. Die seitliche Führung erschwert das Training. Für den Hund ist es eine Hilfe, wenn am Richtungswechsel-Hooper eine Pylone steht (siehe Grafik).

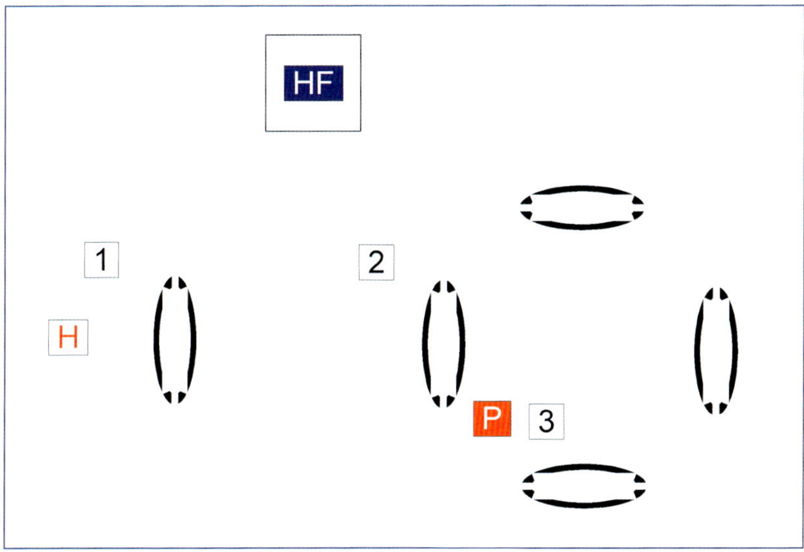

Der Hundeführer wird rasch feststellen, wie schwierig es ist, das richtige Timing zu finden. Der Hund muss vor dem Hooper angesprochen werden und je nach Geschwindigkeit des Hundes und seiner Kommandoumsetzung muss jedes Team erst mal zueinander finden. Die Übung „Weg“ lässt sich übrigens auch sehr gut an Fässern üben.

Es gibt viele Hundeführer, die das Kommando „Weg“ mit der Gegenhand führen. Das heißt, in Verbindung mit der Kommandoansage nimmt der Hundeführer die Gegenhand hoch und signalisiert mit dem Körper den Richtungswechsel.
Dies stammt aus den Anfangszeiten des klassischen Agility. Hier kam man von dieser Führung ab, da durch den plötzlichen Handwechsel oft Stangen geschubst wurden. Auch wir gingen beim Aufbau des Kommandos auf die Führhand über und legten viel mehr Wert auf die rechtzeitige Ansage mit vorausgegangener, perfekter Basisarbeit.
Arbeitet der Hundeführer mit der Führhand, bleibt ihm immer die Option offen, während des Führens abrupt mit der Gegenhand weiter zu führen, ohne dass der Hund ein „Weg“ ausführt.

Nachfolgendes Beispiel soll dies verdeutlichen:

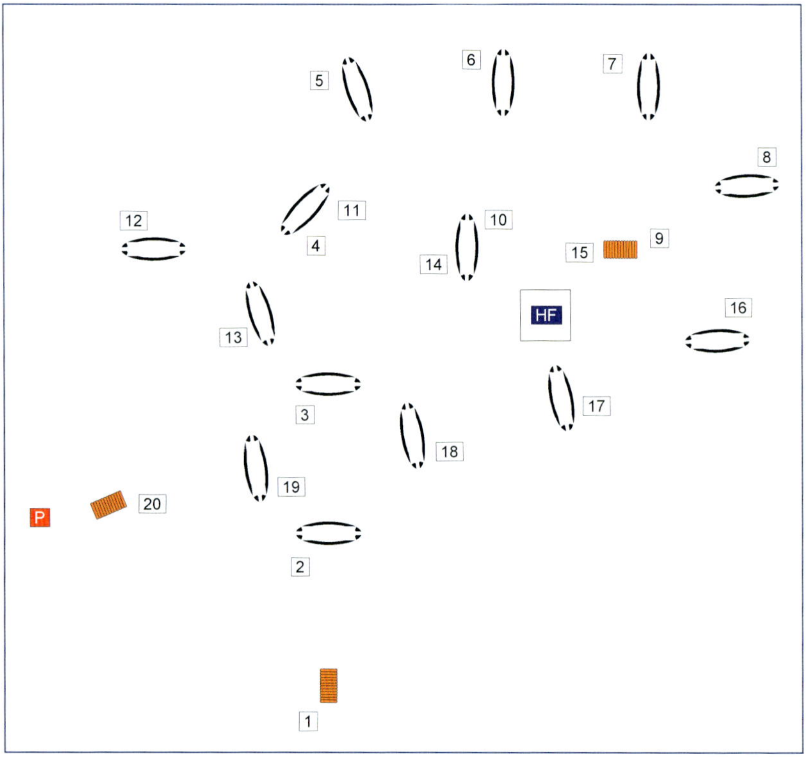

Der Hund kommt nach Tunnel 9 zu weit nach links in Richtung Hundeführer rein und weicht von der gedachten Linie (die gedachte Linie ist die Linie, welche sich der Hundeführer bei der Parcoursbesichtigung vorgestellt hat) ab. Bei Kommando „Vor" würde er zur 13 weiterarbeiten. Der Hundeführer erkennt diese Situation und kann durch abrupten Handwechsel mit dem Gegenarm quasi eine Wand zwischen Hooper 13 und dem eigentlichen Hooper 11 aufbauen und mit der Zwei-Arm-Führung erfolgreich die Linie retten. Ein Hund, der das Kommando „Weg" mit dem Gegenarm gelernt hat, würde diesen „Not-Arm-Wechsel" mit einem Weg zu Hooper 5 ausführen.

Kommandos „Rechts" und „Links"

Meisterhaft ist es, mit den Kommandos „Rechts" und „Links" zu arbeiten. Jedoch ist es nicht allen Hundeführern möglich, dies richtig umzusetzen. Daher sollte

FESTIGEN DER KOMMANDOS

Der Hund hat jetzt schon die wichtigen Kommandos gelernt. Diese Kommandos sollten im täglichen Training gefestigt werden.

Für das „Vor“ kann ein Bodentarget ausgelegt werden. Das Bodentarget wird erst vor dem Hund interessant gemacht und dann weggeworfen. Der Hund, den wir am Halsband halten, wird nun losgelassen. Kommt der Hund am Bodentarget an, loben wir ihn, laufen selbst zum Bodentarget und legen Spielzeug oder Futter darauf. Dem Hund wird dieses Spiel schnell gefallen und man kann das Kommando „Vor“ einfließen lassen und den Hund aus Distanz zum Bodentarget schicken.
Auch hierbei sollte man wieder beachten: Erst kommt die Arbeit und dann die Belohnung. Man sollte also nicht die Belohnung gleich auf das Bodentarget legen.

Das „Außen“, wobei man sich mit der Körperfront zum Gerät ausrichtet, kann ebenfalls im täglichen Training eingebaut werden. Entweder verfügen Sie selbst über eine Pylone oder Sie schicken Ihren Hund um Bäume, Lichtmasten oder Verkehrsschilder. Auf das Üben außerhalb der Trainingszeiten wird unten noch näher eingegangen.

in dem Fall mit den Kommandos „Weg“ und „Komm“ oder dem Hundenamen gearbeitet werden.
Bei regelmäßigem Training dauert der Aufbau dieser Richtungswechsel-Kommandos viel länger als bei allen anderen Kommandos. Bevor mit „Rechts“ und „Links“ im Parcours gearbeitet werden kann, muss viel Basisarbeit stattfinden. Der Aufbau bis hin zur Perfektion kann sich bis zu einem halben Jahr hinziehen. Jedoch hat man auch nur Spaß daran, wenn es beim Einsatz richtig funktioniert und der Hund es umsetzen kann.

Begonnen wird mit den bereits konditionierten Bodentargets. Es werden zwei Targets mit einem großen Abstand zueinander ausgelegt. Zunächst wird mit Körperhilfe und Blickkontakt zum Target gearbeitet. Der Hund wird mal rechts, mal links zum Target geschickt und auf dem Target bestätigt. Das heißt, der Hundeführer läuft nach Beendigung der Übung immer zum Target und legt dort die Bestätigung drauf.

Als nächster Schritt kommt die Kommandoansage hinzu. Geeignet sind für rechts die Worte „rerere“ und für links „lilili“, damit die Hörzeichen für den Hund besser unterschieden werden können. Der Hundeführer gibt weiter Hilfe mit Körper und Blick. Wenn der Hund dies verstanden hat, kann der Schwierigkeitsgrad gesteigert werden.

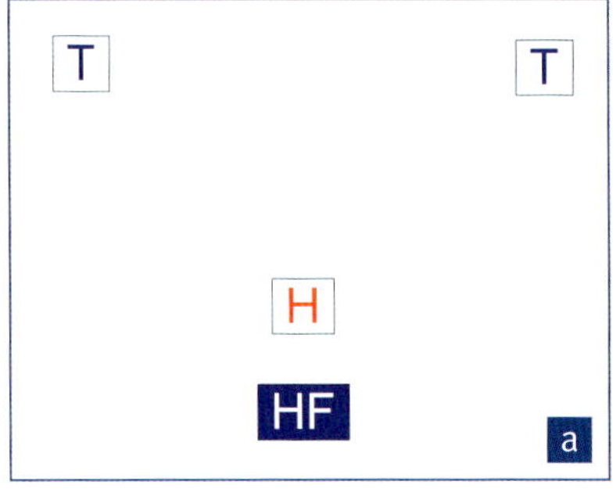

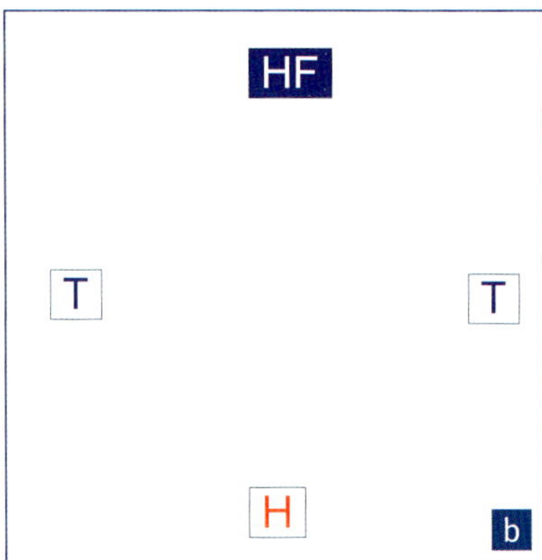

Der Hund wird in der Mitte zwischen den Targets, die einen großen Abstand zum Hund haben, positioniert. Der Hundeführer stellt sich hinter den Hund und baut nun Körperhilfe und Blickkontakt ab (a).
Es wird weiter mithilfe der Targets gearbeitet; der Hundeführer stellt sich gegenüber vom Hund auf. Der Hundeführer soll sich vor Ansage des Kommandos im Klaren sein, welches Target gemeint ist, denn der Hundeführer muss aus Sicht des Hundes arbeiten. So ist zum Beispiel rechts aus Sicht des Hundes links aus Sicht des Hundeführers. Hier beginnt die Schwierigkeit der Kommandoansage und der Hundeführer muss sich vorher gut überlegen, was gesagt wird (b).

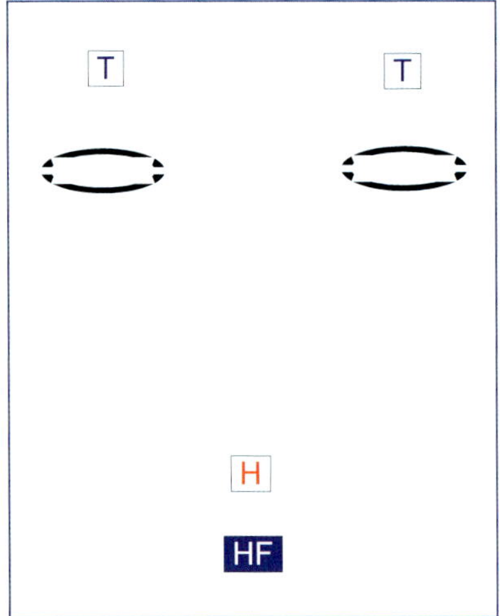

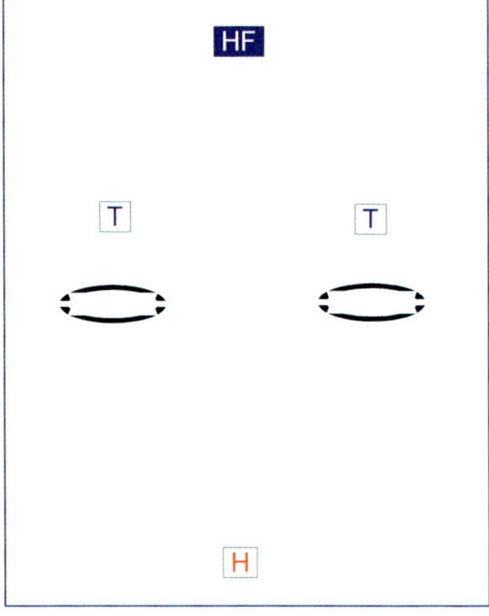

Die Übungen bleiben beim nächsten Schritt gleich, jedoch wird vor das Target ein Hooper gestellt.

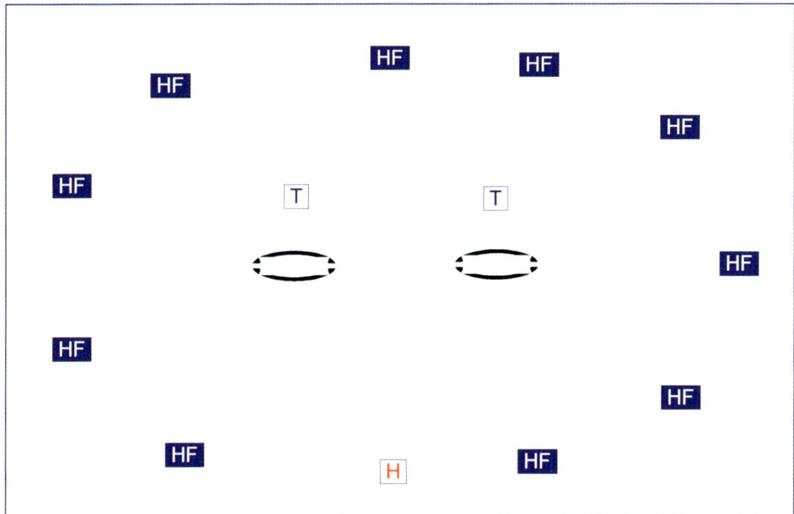

Der Hundeführer sollte nun auch seitlich führen und alle erdenklich möglichen Positionen in Erwägung ziehen.
Nun kann man davon ausgehen, dass der Hund die Kommandos erlernt hat und rein akustisch, ohne Körperhilfe und Blickkontakt, rechts und links ausführen kann. Das Ganze wird vor Einsatz im Parcours jedoch weiter ausgebaut und ein weiterer Hooper mit Target wird, wie in folgender Grafik zu sehen ist, aufgestellt.

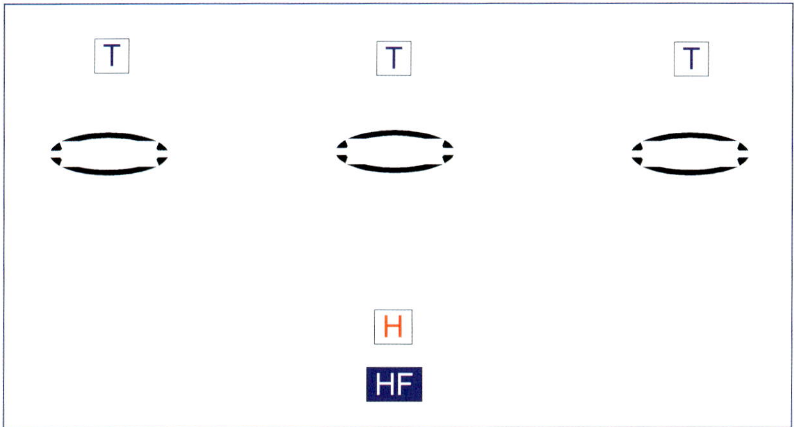

Jetzt wird das Kommando „Vor“ mit eingebaut und der Hundeführer wechselt die Kommandos „Vor“, „Rechts“ und „Links“ willkürlich ab. Es sollte generell nie eine gleichmäßige Reihenfolge entstehen. Es ist also darauf zu achten, dass der Hundeführer nicht immer zweimal links, zweimal rechts und zweimal vor arbeitet und diesen Ablauf konditioniert. Optimal ist es, wenn eine Hilfsperson das auszuführende Kommando benennt.

Jetzt geht es in Richtung Parcours und spezielle Übungen sollen den Hund festigen. Das Target wird hier durch die Pylone ersetzt und der Hundeführer kann wieder bei sich bestätigen.
Es können beliebig viele Hoopers eingebaut werden. Der Hund wird nach vorne gearbeitet und zum richtigen Zeitpunkt – also so, dass der Hund auch noch reagieren kann – erfolgt das Richtungswechsel-Kommando. Hierbei ist darauf zu achten, dass je nach Seitenführung auch die Pylonen umgesetzt werden.

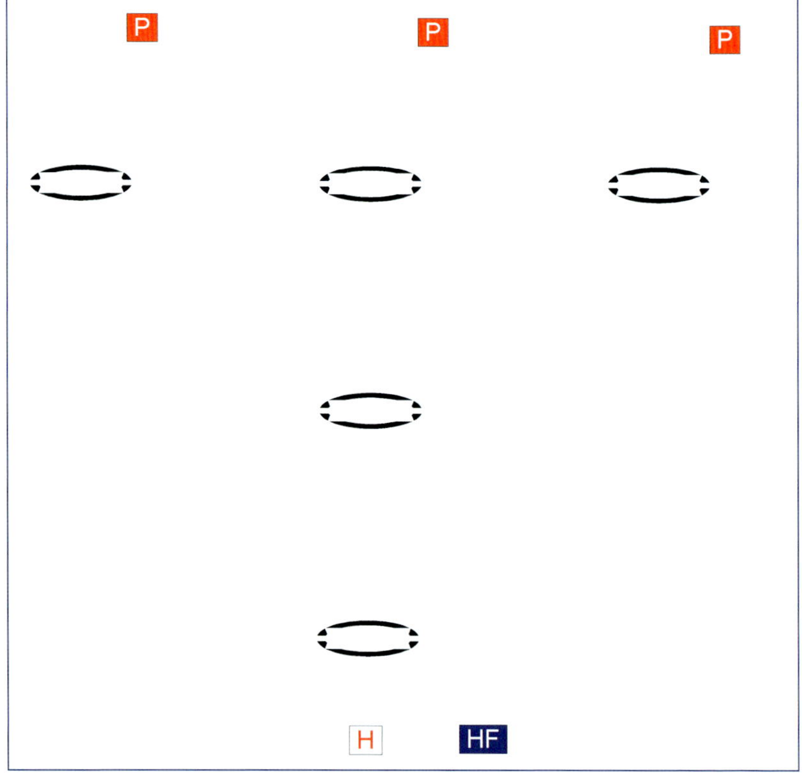

Der Hund wird links geführt.

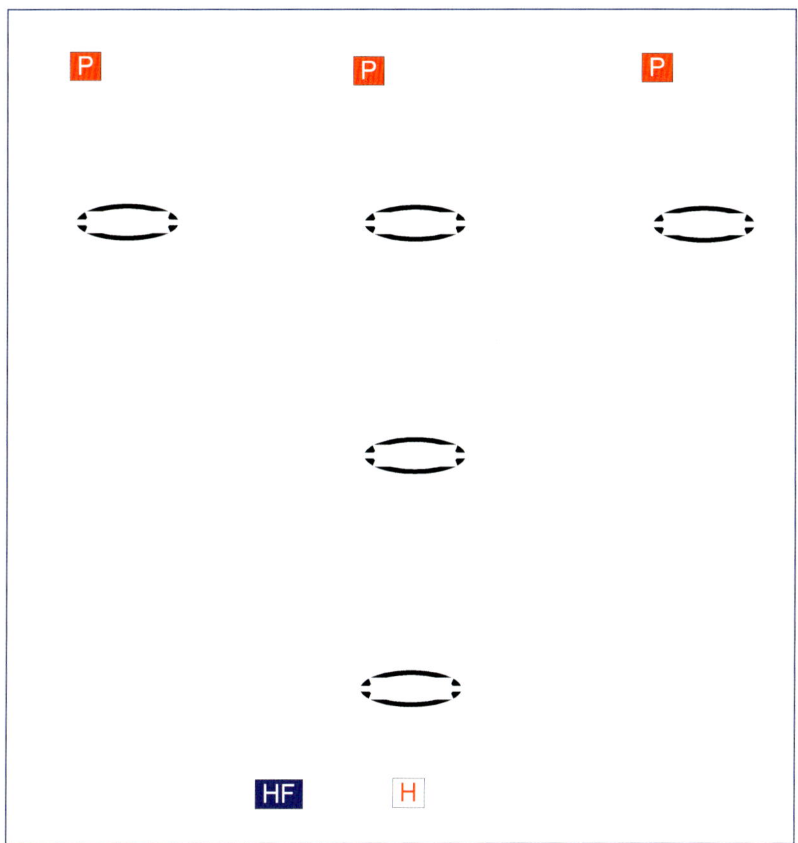

Der Hund wird rechts geführt.

Für den Hundeführer ist das entgegengesetzte Training zur Umsetzung sehr wichtig und die Kommandoansage muss sehr genau überlegt werden. Daher sollte der Hundeführer aus verschiedenen Führbereichen führen (siehe Grafik auf S. 58).

Der Weg ist das Ziel. Durch geplantes, überwachtes (mit Timer arbeiten!) und geduldiges Training wird der Aufbau dieser Richtungswechsel-Kommandos der Höhepunkt beim Führen. Dem Hund kann dadurch recht früh die Richtung angesagt werden und er kann sich viel eher auf den Richtungswechsel vorbereiten, was wiederum auch dafür sorgt, dass er seine Gelenke weniger stark belastet.

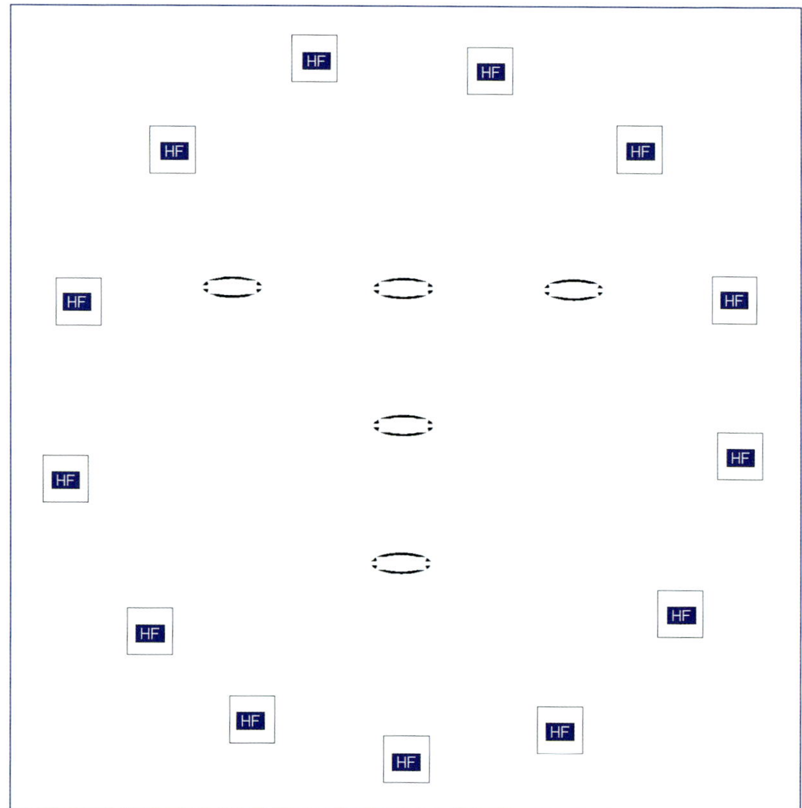

Kommando „Rum“

Das Kommando „Rum“ gehört zu den Richtungswechsel-Kommandos. Es ist ein Vertrauenskommando, da es der Hund stellenweise unkontrolliert ausführt.
Der Hund soll das Gerät, welches hinter dem Rücken des Hundeführers mit seinem gestreckten Arm angezeigt wird, abarbeiten. Gearbeitet wird hier nach dem „Lampenprinzip“ (siehe S. 37).
Befindet sich der Hund auf der linken Seite des Hundeführers, dreht sich der Hundeführer plötzlich nach links (dem Hund entgegen), streckt den rechten Arm nach hinten und erteilt das Kommando „Rum“. Der Hund wird nun ins Dunkle geschickt und das Lampenlicht scheint nach vorne. Der Hund kommt hinter dem Rücken des Hundeführers herum, nimmt somit wieder an der linken Seite des Hundeführers seinen Platz ein und wird nahtlos die Geräte, welche wieder beleuchtet sind, abarbeiten.

Der Hundeführer macht sich dieses Lampenprinzip zunutze und kann so Verleitungen, welche im Streckenverlauf liegen, „ausblenden“. Der Bereich vor dem Hundeführer ist sozusagen hell erleuchtet und die Rückenfront ist dunkel ohne Fernsicht.

Das Kommando „Rum“ wird erteilt und dabei wird der Führarm leicht nach hinten gestellt und bleibt so lange in der Position, bis man davon ausgehen kann, der Hund hat das Gerät, das sich hinter einem befindet, abgearbeitet. Dann nimmt der Hundeführer den Hund auf der anderen Seite an und führt mit diesem Arm weiter.
Dieses Kommando kann für einen Hundeführer mit einem Vierbeiner, der sich weit entfernt, besonders wichtig werden. Der Hundeführer nimmt dadurch Einfluss auf Bögen nach einer Kurve und/oder blendet Verleitungen aus.

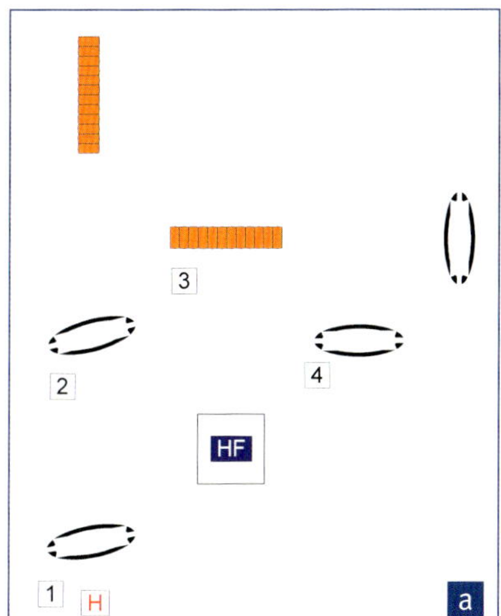

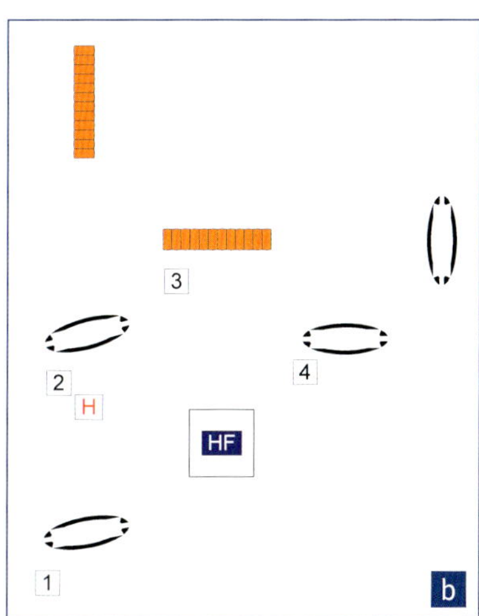

Ein Beispiel mit Tunnelverleitung: Hier führt der Hundeführer mit dem linken Arm, der Oberkörper zeigt leicht zum Hund, die Füße zeigen zur 2 und das Kommando „Vor“ wird erteilt (a).

An dieser Stelle wird das Kommando „Rum“ eingeleitet (b). Der linke Arm ist immer noch der Führarm. Der Hundeführer dreht sich nun nach links, nimmt dabei einen Handwechsel vor, indem der linke Führarm an den Körper genommen wird und der rechte Arm zum Führarm wird. Dieser wird jedoch leicht nach hinten gestellt und dabei wird das Kommando „Rum“ erteilt.
Zeitlich sollte der Hundeführer dies so abstimmen, dass der Hund wie hier im Beispiel den zweiten Hooper durchläuft und bereits über den Richtungswechsel informiert ist.

Führt der Hundeführer seinen Job zu früh aus, wird der Hund nach dem zweiten Hooper in Richtung Hundeführer kommen. Wartet der Hundeführer zu lange, wird es dem schnellen Hund nicht mehr möglich sein, das Kommando rechtzeitig auszuführen, und taucht in den falschen Tunnel ein.

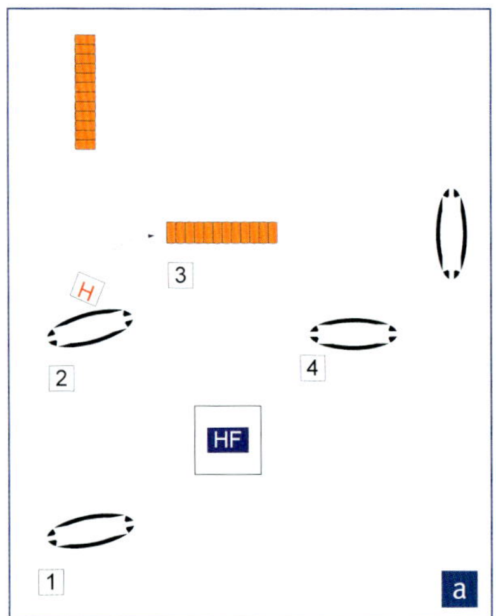

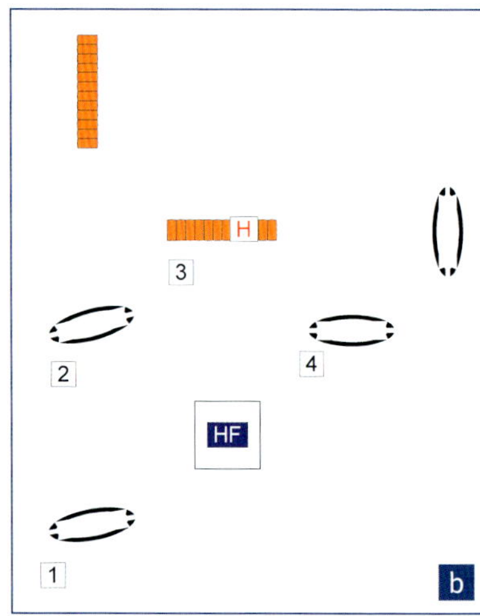

An dieser Stelle (a) sollte der Hund schon den Richtungswechsel einleiten können. Der Hundeführer steht mit dem Rücken zum Tunnel und der rechte Arm ist seitlich leicht nach hinten gestreckt.

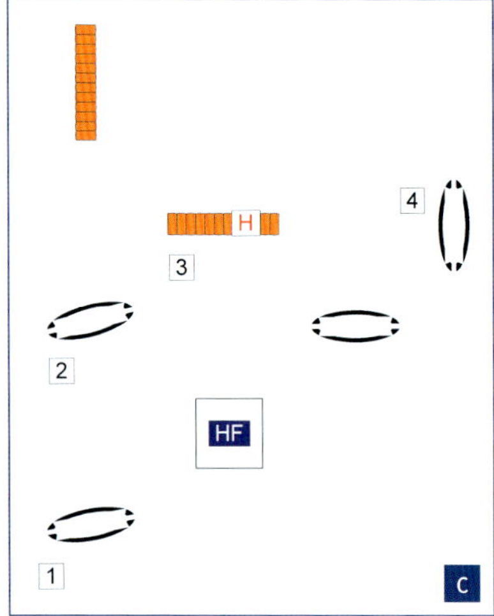

Der Hundeführer muss jetzt je nach Streckenverlauf entweder in seiner Position stehen bleiben und nur den Führarm wechseln (b). Der Hund wird durch diese Rückenposition nicht geradeaus weiterlaufen, sondern automatisch zu Gerät 4 eindrehen.

Oder (c) der Hundeführer muss seinen Oberkörper („Lampe“) wieder in den Streckenverlauf richten, wenn der Hund geradeaus weiterlaufen soll. Sobald der Hund in den Tunnel eintaucht, dreht sich der Hundeführer nach links, nimmt den rechten Arm an den Körper und übernimmt mit dem linken ausgestreckten Arm wieder die Führung. Der

Hund sollte das Kommando „Vor“ bereits im Tunnel erhalten und wenn er aus dem Tunnel kommt, sollte der Hundeführer schon mit seinem Oberkörper zum Hund ausgerichtet sein.

Wie immer gilt natürlich: Im Parcours werden nur Kommandos abgerufen, welche separat aufgebaut wurden.
Wir beginnen mit dem Aufbau des Kommandos wie folgt: Der Hundeführer stellt sich vor eine Pylone und hat den Hund direkt vor sich stehen. Der Hund wird mit der Hand fixiert und tonlos hinter einem herumgeführt. Dabei ist ein Handwechsel, sobald sich der Hund hinter dem Rücken befindet, hilfreich. Oft ist es auch ratsam, dabei etwas in die Knie zu gehen. Der Hund soll nicht schnell herumlaufen, sondern er soll erst einmal nur den Ablauf kennenlernen. Auf eine beidseitige Führung ist zu achten. Der Hund wird sehr schnell verstehen, dass er hinter seinem Menschen herumlaufen soll und dann eine Belohnung dafür bekommt.

Ist dieser Ablauf automatisiert, kann der Hundeführer ein Kommando dafür einsetzen und an seiner Körperhaltung (aufrechtes Stehen) arbeiten. Der Hundeführer steht wieder dicht an der Pylone und sein Hund steht vor ihm. Nun wird das Kommando erteilt und die Körpersprache – Hand nach hinten – wird den Hund zur Ausführung bewegen.

Im nächsten Schritt wird die Distanz zwischen Hundeführer und Pylone aufgebaut. Mit jedem erfolgreichen Durchgang entfernt sich der Hundeführer um einen Schritt weiter von der Pylone. Der Hundeführer sollte den Arm leicht nach hinten gestreckt halten (wird der Arm zu früh zurückgezogen, kann es sein, dass der

Die Übung „Rum“ wird mit dem Rücken zum Gerät ausgeführt.

Hund nicht fertig arbeitet und zum Hundeführer kommt). Wird das Kommando nicht nur einmalig angesagt, sondern solange der Hund es ausarbeitet, gibt es dem Hund Sicherheit und Motivation.

Jetzt kann anstatt der Pylone auch ein Hooper aufgestellt werden und der Hund kennt seine Aufgabe schon. Erst wird im kleinen Distanzbereich und an verschiedenen Geräten geübt (Hooper, Fass, Tunnel, Zaun). Bei Erfolg kann dieses Kommando dann auch im Parcours eingesetzt werden.

Signalwort zur erhöhten Aufmerksamkeit

Es hat sich erwiesen, dass Hunde, die auf ein Signalwort/Aufmerksamkeitswort konditioniert wurden, besser geführt werden können.

Dieses Kommando stellt den direkten Kontakt zum Hundeführer her.

Der Hundeführer kann mit diesem Signalwort/Aufmerksamkeitswort das Kommando „Weg" besser umsetzen, indem er den Hund vor dem Kommando „Weg" mit dem Signalwort/Aufmerksamkeitswort zu sich her zieht und dadurch ausrichtet. Weiter hilft dieses Signalwort/Aufmerksamkeitswort vor extremen Richtungswechseln in Verbindung mit Verleitungen.
Ein Hund, der sich im Distanzbereich wohler fühlt und dem das enge Arbeiten am Hundeführer schwerfällt, kann durch dieses Signal vor dem Hundeführer besser für den weiteren Verlauf ausgerichtet werden.
Angenommen, der Hund läuft im großen Distanzbereich hoch im Trieb, es steht ein Richtungswechsel an und der Hund hat eine Verleitung vor Augen. Hier würde es in den meisten Fällen nicht reichen, wenn nur mit Richtungswechsel-Kommando oder dem Hundenamen gearbeitet wird. An dieser Stelle ist ein Signalwort/Aufmerksamkeitswort angebracht, bei dem der Hund – ohne zu überlegen – Kontakt zum Hundeführer aufnimmt.
Wie jedes Kommando wird auch dieses vor dem Einsatz im Parcours, außerhalb des Trainingsplatzes, beim Spaziergang oder zu Hause konditioniert.
Der Hundeführer baut dieses Signal an einem ruhigen Ort, ohne Ablenkung, auf. Hat sich der Hundeführer ein Signal ausgedacht (wie zum Beispiel „Komm", „Hand", „Zuzu", „Hihi") nimmt er Futterstücke in die Hand und macht eine Faust. Er lässt den Hund daran riechen und zieht langsam die Faust vom Hund weg. Es bietet sich dabei an, sich kreisförmig zu drehen. Tippt der Hund die Hand an, bekommt er Futter.
Diese Übung sollte wie immer rechts und links geführt geübt werden. Hat der Hund diesen Ablauf kennengelernt, verbinden wir die Übung mit dem ausgewählten Signal.
Hat der Hund einen Bezug zur Faust und dem Signal hergestellt, kann unter Ablenkung trainiert werden. Grundsätzlich ist „weniger mehr", das heißt, lieber

beim Spaziergang nur einmal das Signal in Verbindung mit der Faust üben und dafür den Jackpot hoch ansetzen, als zu oft zu üben und die Spannung abflachen zu lassen oder bei zu extremer Ablenkung die Konzentration zu verlieren.
Wurde der Hund erfolgreich konditioniert, kann das Signal im Parcours angewandt werden. Es sollte natürlich, wie jedes andere Kommando auch, immer mal wieder für die perfekte Ausführung im Parcours bestätigt werden. Im Parcours wird der Hund nur so lange mit dem Signal Richtung Hundeführer gehalten, bis der Hund für den Streckenverlauf optimal ausgerichtet ist. Danach wird dieses Signal durch ein anderes Kommando unterbrochen bzw. abgelöst.

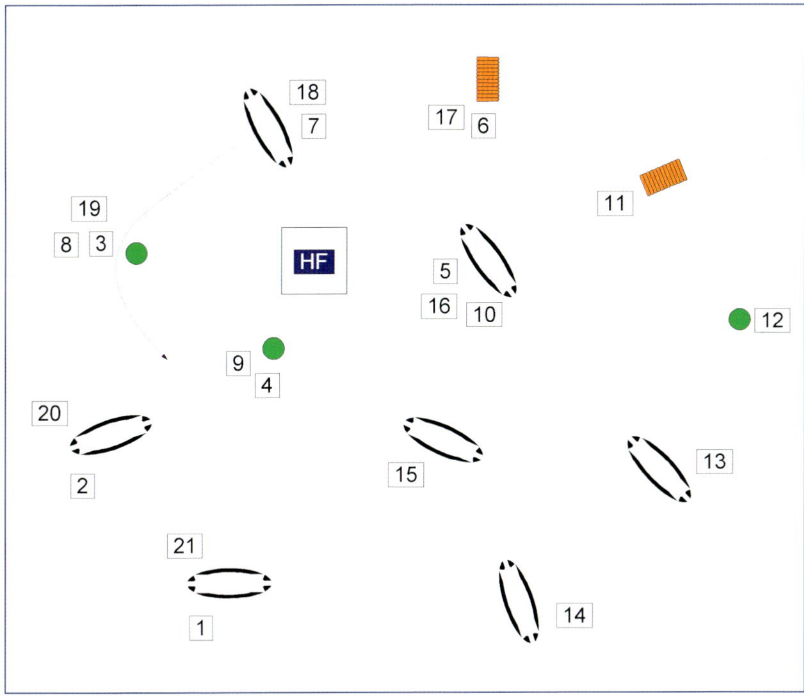

In diesem Beispiel (siehe Grafik oben) wäre das Signalwort von 8 auf 9 angebracht. Der Hund wird nach der 7 sehr schnell und sieht nach dem Fass 8 eine Verleitung, und zwar Hooper 20. Nennt der Hundeführer an der 8 sein Signal, wird der Hund nach dem Fass zu ihm kommen wollen und die Verleitung bleibt ausgeblendet. Sobald der Hund nach dem Fass reinkommen möchte, wird das Signal durch das „Außen“ für das nächste Fass 9 abgelöst.
Bei Hunden, die extrem große Bögen laufen, wäre an der 14 ein weiteres Signal angebracht, welches dann nach dem Handwechsel von 14 auf 15 durch ein „Vor“ abgelöst wird.

Start-Kommando

Der Start-Hooper ist der entscheidende Hooper im gesamten Parcours. Wird der Hund am Start richtig positioniert und kann seine Position dabei halten, ist die Linienführigkeit gleich zu Beginn im Parcours garantiert.
Besonderes Augenmerk sollte also auf den Start gelegt werden. Egal ob der Hund am Start steht, sitzt oder liegt – er soll seine Position nicht verlassen, bis das Startzeichen erfolgt.

Da der Hund dazu neigt, sich in die Richtung zu drehen, in die sich der Hundeführer entfernt, raten wir zu der sogenannten „Pfötchenposition". Das heißt, wir positionieren den Hund so, dass seine Vorderpfoten in die entgegengesetzte Richtung zum Führbereich zeigen und sich der Hundeführer entlang des Streckenverlaufs zum Führbereich begibt.

Verändert der Hund trotzdem durch Drehen laufend seine Position, raten wir, keinen „Druck" am Start aufzubauen, indem der Hund immer und immer wieder in seine Position „gezupft" wird, sondern wir machen es dem Vierbeiner in so einem Fall durch Aufbau eines Start-Kommandos einfacher. Dieses Wort soll dem Hund signalisieren: „Durchlaufe das Gerät, an dem ich dich (Hund) abgestellt habe, egal wo ich (Hundeführer) stehe." Das Start-Kommando wird nach Konditionierung nur am Start verwendet.

Der Hundeführer hat nach Erteilen des Start-Kommandos die Aufgabe, dem

Die Startposition kann liegend (a), sitzend (b) oder stehend (c) sein.

Hund nicht mit den „Augen“ davonzulaufen, das heißt, der Hundeführer soll sich nicht vor dem Hund in Laufrichtung drehen, sondern erst den Hund agieren lassen und dann an das „Lampenprinzip“ denken und das „Licht“ auf den Hund richten.

Das Laufen durch den Hooper wird mit einem Target bestätigt.

Wir beginnen mit einem Hooper. Wir gehen zusammen mit dem Hund etwa 2 bis 3 Meter hinter den Hooper und legen dort das Bodentarget ab. Dann gehen wir mit dem Hund vor den Hooper und lassen ihn los. Der Hund wird sich durch den Hooper zum Target bewegen. Diesen Ablauf bestätigen wir, indem wir selbst zum Target eilen und Futter oder Spielzeug drauflegen. Nach einigen Wiederholungen kann das Startkommando mit einfließen.

Hat der Hund dies verknüpft, werden die Positionen des Hundeführers zum Start-Hooper immer schwieriger gestaltet.
Dem Hund fällt es leicht, in Richtung Hundeführer zu arbeiten, hingegen fällt ihm das Arbeiten nach vorne, wenn der Hundeführer hinter ihm steht, sehr schwer. Varianten, wie zum Beispiel der Hundeführer steht seitlich 15 bis 20 Meter vom Hund entfernt und der Hund muss zu Beginn in eine andere Richtung nach vorne arbeiten, sollten daher sehr intensiv eingeübt werden. Die Distanz sollte mit jedem erfolgreichen Durchgang vergrößert und der Start eher in einem großen Distanzbereich geübt werden.

Bevor das Kommando „Start“ im Parcours angewandt wird, ist es empfehlenswert, Verleitungsgeräte um den Start-Hooper herum aufzustellen und eine Lernkontrolle durchzuführen. Ist die Verleitung zu groß und der Hund durchläuft nicht den zum Hundeführer hin ausgerichteten Start-Hooper, sondern läuft stattdessen zur Verleitung, sollte man die Übung wieder etwas einfacher gestalten. Arbeitet der Hund zuverlässig zum Bodentarget hin, kann man einen weiteren Hooper hinter dem Bodentarget aufstellen.
Das Bodentarget wird schließlich abhängig von Können und Sicherheit des Hundes wieder aus dem Parcours entfernt.

Bis der Hund gelernt hat, nach Startfreigabe nicht direkt zum Hundeführer zu kommen, sondern linienführig nach vorne zu arbeiten, ist es ratsam, immer auf

a

b

c

Der Hund bleibt in der Startposition (a), während sich der Hundeführer entlang des Streckenverlaufs (b,c) zum Führbereich (d) begibt.

der Seite des Hundeführers einen Zaun anzubringen nach dem Motto: „Lernen am Erfolg“. Der Hund macht durch das Noch-nicht-Können keinen Fehler und löst damit keine negative Kettenreaktion beim Hundeführer aus.

KOMMANDO „WAIT“

Dieses Kommando entspricht nicht unserer Philosophie, dennoch wollen wir es erwähnen. Bei diesem Kommando soll der Hund sein Laufen sofort einstellen und auf den nächsten Befehl warten. Hundeführer machen sich dies zunutze, wenn der Hund von der Linie abkommt. Sie lassen ihn dann anhalten und drehen ihn im Stand mit Richtungswechsel-Kommandos auf die Lauflinie. Ein schneller Hund muss heftig abbremsen, um dieses Kommando auszuführen. Unsere Philosophie sagt, wenn der Hundeführer seinen Job nicht richtig macht, lassen wir es den Hund nicht spüren.

Ganz zu Beginn unserer Hoopers-Arbeit waren wir von diesem Kommando begeistert. Es sieht spektakulär aus, wenn ein schneller Hund zum Stand kommt, sich drehen lässt und wieder auf Linie gebracht wird. Wird der Einsatz dieses Kommandos jedoch unter die Lupe genommen, stellt man schnell fest, dass es sich eigentlich um ein Hundeführer-Korrektur-Kommando handelt. Sind beim Hund die Grundlagenkommandos noch nicht gefestigt und werden zu früh im Parcours angewandt oder ist der Hundeführer zu spät mit der Kommandoansage, kann dieses „Wait“-Kommando den gesamten Lauf retten. Muss der Hund aber auf Kosten des Fehlers seines Hundeführers so stark abbremsen? Eigentlich sollte das nicht nötig sein.

Aus der Praxis lässt sich berichten, dass der Start vom Hundeführer aus viel zu leicht genommen wird und viel zu früh ohne das Hilfsmittel Zaun gearbeitet wird. Der Frust ist vorprogrammiert.
Angenommen, der Hund kommt nach Startfreigabe zum Hundeführer und lässt alle Hoopers aus. Solange der Hund seinen Job am Start nicht kennt, ist diese Reaktion völlig normal und der Hund würde es nicht verstehen, dass sein Hundeführer ihn „mürrisch" wieder an den Start zurücksetzen würde. Das Ende wäre ein unsicherer Hund, der sich vielleicht hinlegt und nicht mehr vom Start weggeht, den Kopf abwendet, auf dem Boden schnüffelt, nur langsam losläuft oder bellt, um den Konflikt zu lösen. Daher sollte man den Start intensiv üben und diese Übung immer wieder auffrischen.

Kommando „Back"

Dieses Kommando ist für echte Cracks bzw. Hundeführer, die Spaß am Aufbau von Kommandos haben. Zwingend notwendig ist es nicht. Es hilf jedoch dem Hund in bestimmten Situationen, rechtzeitig den Richtungswechsel einzuleiten, und er bleibt daher viel korrekter auf der gedachten Lauflinie. Dieses Kommando ist also ein Richtungswechsel-Kommando und zeigt dem Hund den weiteren Verlauf zurück zum letzten Gerät.
Arbeitet man in einem kleinen Distanzbereich, ist dieses Kommando aber nicht notwendig. Hier kann mit dem Kommando „Weg" in Verbindung mit der Körpersprache gearbeitet werden.
Da die Körpersprache in einem enorm großen Distanzbereich nicht besonders gut zum Tragen kommt, wird beim Erteilen des Kommandos „Weg" der Hund zunächst einen großen Bogen laufen, zieht dabei in Richtung Hundeführer und nimmt auf diesem Weg eventuell Geräte mit, die nicht an der Reihe sind.

Der Aufbau dieses Kommandos ist recht einfach. Wir beginnen mit zwei beliebigen Geräten. In unserem Beispiel wird ein Hooper als erstes Gerät und ein Fass als zweites Gerät gewählt. Bevor wir das Kommando nennen, führen wir den Hund in einem kleinen Distanzbereich mit Körpersprache. Es sieht dann so aus, dass wir die Startfreigabe am ersten Hooper erteilen, das „Außen" an dem Fass ansagen und mit Handwechsel wieder zurück durch den Hooper führen und bestätigen. Kennt der Hund den Weg, erteilen wir das Kommando kurz vor dem Fass und bestätigen den Hund nach dem Eindrehen in Laufrichtung zurück.

Der Hundeführer sollte die Übung wie immer rechts und links geführt trainieren. Hat man den Eindruck, der Hund hat das Kommando verknüpft, macht es Sinn, Verleitungen wie Tunnel einzubauen, solange der Hund noch im kleinen Distanzbereich arbeitet. Optimal ist es, mit Clicker zu arbeiten oder mithilfe einer Zweitperson, welche nach dem Eindrehen sofort Spielzeug/Futterbeutel in den Streckenverlauf wirft.

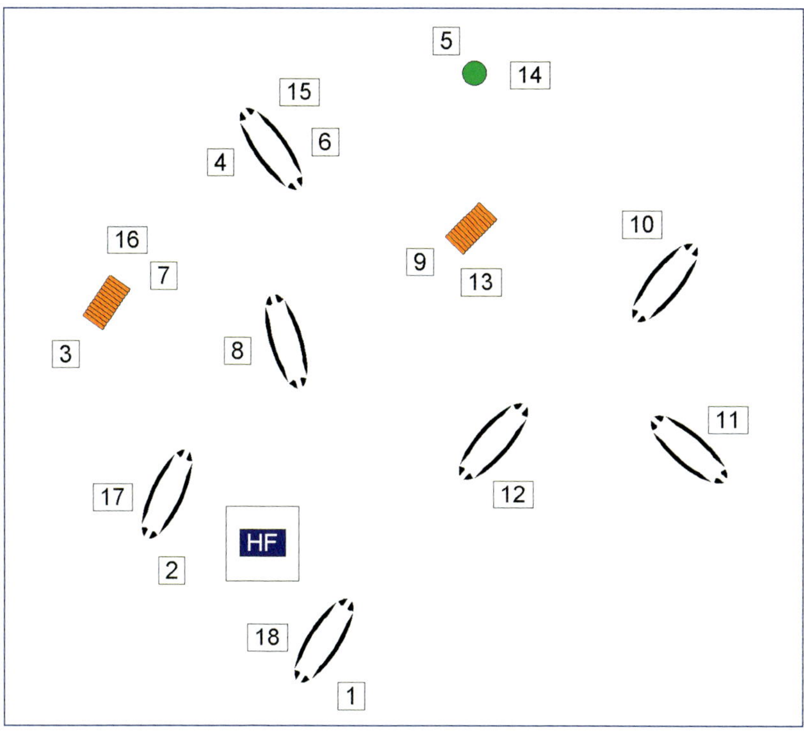

Der Distanzbereich in diesem Beispiel (siehe Grafik oben) beträgt an Gerät 5 rund 20 Meter. Beherrscht der Hund das Kommando „Back“, welches lang gezogen ausgesprochen wird („b–ä–ä–ä–g“) wird der Hund von 5 auf 6, ohne zu zögern, zurücklaufen. Muss in diesem Beispiel mit dem Kommando „Weg“ gearbeitet werden, wird es der Hund eventuell spät umsetzen und der Tunnel (9/13) kann eine Verleitung darstellen.

FAZIT

Das Grundlagentraining für „Back“ sollte man immer wieder auffrischen durch kurze Sequenzen mit direkter Bestätigung nach dem Ausführen des Kommandos.

Je nach Können wird der Distanzbereich vergrößert und gerade zu Beginn ist das Belohnungssystem nach Ausführung des Kommandos sehr wichtig. Für den Hund ist es eine enorme Leistung, dieses Kommando auszuführen, und es sollte dementsprechend belohnt werden.

Ob der Hund das Kommando verknüpft hat, lässt sich wie folgt prüfen. Wir lassen in unserem Beispiel den Hund von 1 bis 5 einschließlich der 10 laufen und bestätigen, anschließend lassen wir den Hund von 1 bis 5 einschließlich des Tunnels laufen und bestätigen. Da der Hund durch die Abwechslung den Streckenverlauf nicht auswendig lernen kann, wird der Parcours nach Vorgabe von 1 bis 6 die Überprüfung.

Aufbau Tunnel

Die meisten Hunde entpuppen sich rasch zum Tunneljunkie und ziehen gern auch mal den Tunnel dem Hooper vor. Dies kommt daher, dass beim Geräteaufbau der Hundeführer viel mehr Freude beim Absolvieren des Geräts dem Hund gegenüber zeigt und der Hund viel öfter nach dem Tunnel bestätigt wird als nach den Hoopers.
Eigentlich sollte der Einstieg zum Hoopers-Agility ganz ohne Tunnelarbeit erfolgen. Ideal wäre es, wenn die Tunnel nur zur Gewöhnung nach dem Aufbau einer

Der Tunnel ist bei den meisten Hunden sehr beliebt.

Übung hingelegt, aber nicht geübt werden. Dann hätte der Hund später keine Mühe mit den Tunneln, die als Verleitung in der Lauflinie stehen.
Beim Aufbau des Tunnels ist es optimal, wenn man hierfür einen 1-Meter-Tunnel mit einem Durchmesser von 70 cm oder mehr verwendet. Ein langer Tunnel wird in diesem Fall eng zusammengeschoben. Grundsätzlich kann die Länge des Tunnels beliebig gewählt werden, er sollte jedoch auch später nicht in einer U-Form aufgestellt werden.

Wenn der Hund den Tunnel durchlaufen hat (a), muss er noch um die Pylone herumlaufen (b).

Der Hundeführer nimmt seinen angeleinten Hund und spielt ihn am Tunnelausgang an; alternativ dazu kann auch mit Futter gereizt werden. Der Hundeführer legt dort das Spielzeug oder Futter so ab, dass es der Hund wahrgenommen hat, und begibt sich zusammen mit dem Hund ohne Worte zum Tunneleingang.
Ein Helfer nimmt zwischenzeitlich das Spielzeug oder Futter ungesehen auf und wird es, sobald der Hund im Tunnel ist, werfen. Der Hundeführer stellt sich mit dem angeleinten Hund vor den Tunnel und wartet, bis sich sein Hund durch den Tunnel traut. Sobald der Hund Vertrauen zum Tunnel gefunden hat, lässt man das Kommando „Tunnel“ einfließen.
Der Hund, der bereits das „Außen“ um die Pylone beherrscht, wird nun vor die Aufgabe der Kommandos „Tunnel“ und „Außen“ gestellt.

Auch hier sollte der Hund sowohl rechts und links geführt werden, bevor der Tunnel verlängert wird. Optimal ist es, wenn der Hundeführer bereits bei dieser Übung den Führbereich oft wechselt.
Der Tunnel wird nach und nach in die Länge gezogen. Auch hier ist wieder zu beachten, dass der Hundeführer nicht mitläuft, sondern den Hund allein arbeiten lässt. Wir steigern nun die Distanz und der Hundeführer schickt seinen Hund mit jedem erfolgreichen Durchgang aus mehr Distanz in den Tunnel.
Ebenso kann je nach Können ein Hooper vor und/oder nach dem Tunnel eingebaut und die Anzahl der Hoopers dann allmählich gesteigert werden.

Beherrscht der Hund den Tunnel, wird noch ein Hooper dahinter aufgestellt (a) und erst danach die Pylone, die der Hund umlaufen muss (b).

Beherrscht der Hund den geraden Tunnel in Verbindung mit einem „Außen“, steigern wir die Tunnelübung. Nach jedem erfolgreichen Durchgang biegen wir den Tunnelausgang um ein Stück und versetzen die Pylone wie in den folgenden Grafiken. Bei dieser Darstellung wir der Hund rechts geführt.

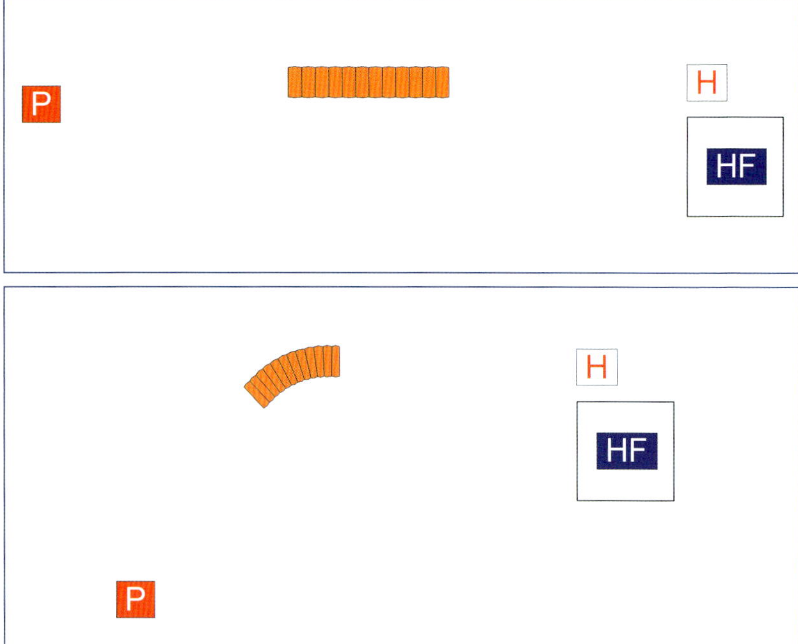

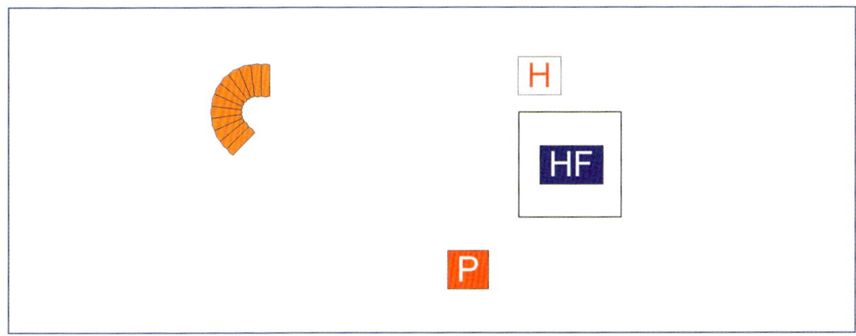

Aufbau Fass

Fässer wurden in den USA erst 2013 im Sportprogramm mit aufgenommen. Sie wurden anstatt des langen, gebogenen U-Tunnels zum Wenden im Parcours eingebaut. Wir kamen gleich zu Beginn der Einführung von dem ursprünglich eingesetzten Stahlfass ab und ersetzten es durch einen großen Spirallaubsack (Laubtonne).

Fässer bringen Abwechslung in den Parcours, werden von den Hunden sehr gern angenommen und machen beim Führen dem Hundeführer viel Spaß.
Das Fass wird nicht nur als Richtungswechsel in Verbindung mit dem Außen-Kommando verwendet, sondern auch mit einem Vor-Kommando zum Beispiel bei einer Fassreihe.

In den USA wird als Tonne noch ein Stahlfass verwendet.

Bei uns wurde das Metallfass durch eine Laubtonne ersetzt.

Wird der Hund erstmals an die Arbeit mit einem Fass herangeführt, ist es ratsam, wenn mehrere Hoopers um das Fass aufgestellt werden.

Der Hund wird auf das Kommando „Außen“ die Hoopers durchlaufen und nicht versuchen, auf das Fass zu springen. Die Fassreihe kann ebenfalls mithilfe von Hoopers langsam aufgebaut bzw. trainiert werden. Es wird zum Beispiel eine Hoopers-Reihe im Halbkreis aufgestellt und an jedem Hooper steht ein Fass. Mit jedem erfolgreichen Durchgang kann ein Hooper abgebaut werden. Übrigens sind die Fässer auch perfekt, um zum Beispiel die Ballmaschine dahinter zu verstecken (Belohnungssystem).

Wir finden Fässer im Parcours sehr spannend. Der Hundeführer muss extrem genau führen und darf sich nicht zu früh abwenden. Wurde die Basisarbeit mit den Pylonen ganz zu Beginn der Ausbildung intensiv betrieben, wird das Arbeiten mit den Fässern gut vom Hund angenommen. Zu Beginn empfehlen wir, weniger an Kombinationen zu arbeiten, sondern oft mit Spielzeug oder Futterbeutel nach dem Umlaufen sofort zu bestätigen. Dies macht den Hund sicherer und er läuft dadurch auch enger um das Fass, was ja erwünscht ist.

Mithilfe von Hoopers kann die Fassreihe aufgebaut werden.

Aufbau Zaun

Die Arbeit mit dem Zaun als Gerät muss nicht extra aufgebaut werden, es sei denn, man würde mit dem Zaun die Ausbildung beginnen und ihn nicht wie wir gleich zu Beginn der Hoopers-Ausbildung als Hilfsmittel einsetzen.

Der Zaun dient wie das Fass zum Üben des Richtungswechsels. Er kann aber auch in Kombination mit Hoopers, indem die Geräte im Kreis aneinander gestellt werden, zu einer spannenden Herausforderung für das Team werden.

Der Zaun wird gleich zu Beginn der Ausbildung als Hilfsmittel eingesetzt.

Der Zaun ist auch für das Üben von schnellen Richtungswechseln geeignet.

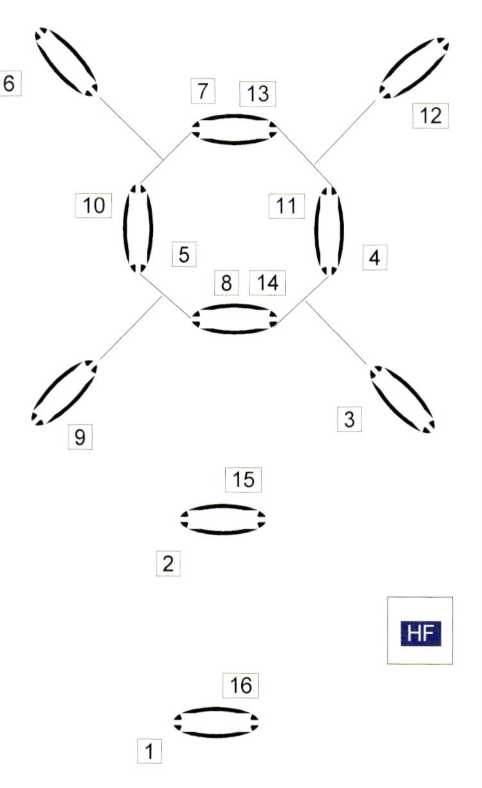

Eine Kombination aus Hoopers und Zäunen ist hilfreich für Übungen zum Richtungswechsel.

Diese Grafik zeigt, wie es aussehen kann.

Bis der Zaun zum Einsatz kommt, hat der Hund ihn bereits kennen- und akzeptieren gelernt. Hier die verschiedenen Einsatzmöglichkeiten:

- Wenn es mal schnell gehen muss, lässt sich der Zaun schneller als der Hasendraht als Hilfsmittel einbauen und wird daher oft beim Anfängerhund eingesetzt.
- Bis der Hund das Startkommando gelernt hat und man dieses in der Sequenz bzw. im Parcours abrufen kann, stellen wir Zäune rechts und links neben das erste Gerät, damit ein seitliches Zum-Hundeführer-Kommen nicht möglich ist und der Hund keinen Fehler machen kann.
- Der Zaun taucht auch beim Kommandoaufbau „Welle" (siehe weiter unten) als Hilfsmittel auf.
- Es können auch Zäune zwischen Hooper und Pylone aufgestellt werden, bis der Hund den Zieleinlauf (Umrunden der Pylone/Stange) beherrscht. Somit kann der Hund nach dem Durchlaufen des letzten Hoopers keinen Fehler machen, da der richtige Weg vorgegeben ist.
- Als weiteres Hilfsmittel dient der Zaun, um Geräte, welche nicht abgearbeitet werden sollen, zu blockieren.
- Beim Training mit „Vor", „Rechts" und „Links" wird ein Kreis aus Zäunen mit Hoopers aufgestellt. Hier erteilt der Hundeführer vor dem Eintauchen in den ersten Hooper im Kreis das Kommando, sodass der Hund noch zur Ausarbeitung reagieren kann.

Aufbau Slalom

Der Aufbau erfolgt mithilfe einer Gasse. Wie zu Beginn der Hoopers-Ausbildung soll der Hund zunächst durch fünf Hoopers in der Geraden und um eine Pylone laufen. Die Hoopers werden seitlich mit Hasendraht abgesichert.

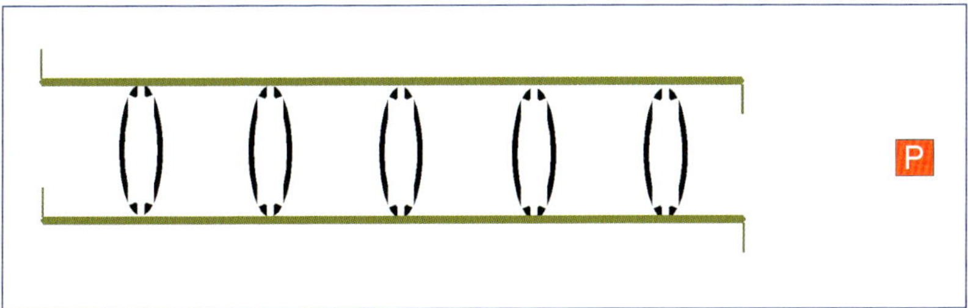

Geübt wird zunächst so, dass der Hundeführer den Hund mit dem erlernten Vor-Kommando vorarbeiten lässt, mit einem „Außen“ um die Pylone schickt und bestätigt. Der Hund wird rasch die Übung auswendig lernen und es muss kein „Außen“ mehr für die Pylone genannt werden. Anstatt dem Vor-Kommando kann nun das Slalom-Kommando erteilt werden. Es wird später von Vorteil sein, wenn das Kommando so lange genannt wird, solange der Hund es abarbeiten soll.

Der Hoopers-Slalom wird analog dem klassischen Agility-Slalom aufgebaut.

Als nächster Schritt folgt Distanz, Gewöhnung an Verleitungen (Tunnel) und verschiedene Slalomeingänge. Dies kann wie folgt aussehen:

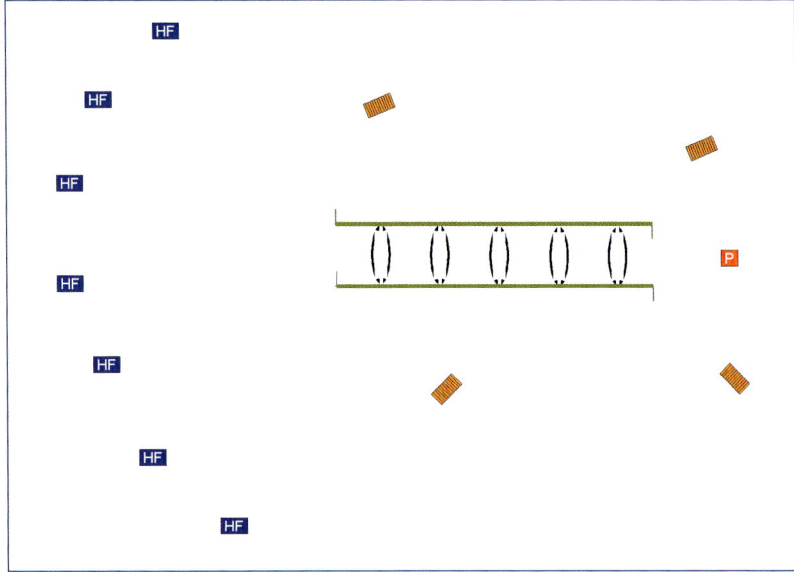

Der Slalom kann nun in Sequenzen mit einer Pylone am Ende eingebaut werden. Ratsam ist es, an die Verleitungen, welche einfach nur neben dem Slalom aufgestellt werden, zu denken. Durch die Absicherung des Hasendrahts werden keine Fehler entstehen und der Erfolg stellt sich rasch ein.

Im Hoopers-Agility lernt der Hund den Slalom in kürzester Zeit. Der Slalom ist mit fünf Toren recht kurz, der Abstand zwischen den Toren ist mit 86 cm recht angenehm für den Hund und durch den Kunststoffschlauch ist das einzelne Tor gut zu erkennen. Entscheidend ist auch, dass der Hund in seinem Tempo den Slalom durchlaufen kann und nicht durch einen mitlaufenden Hundeführer beim Schlängeln gestört wird bzw. zu schneller Arbeit angetrieben wird.

Je nach Ausbildungsstand folgen weitere Schritte, wobei die Hoppers immer mehr zu einer Linie ausgerichtet werden (siehe nachfolgende Grafiken).

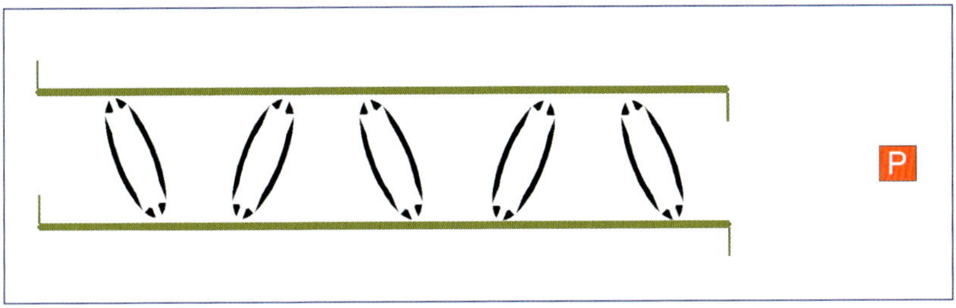

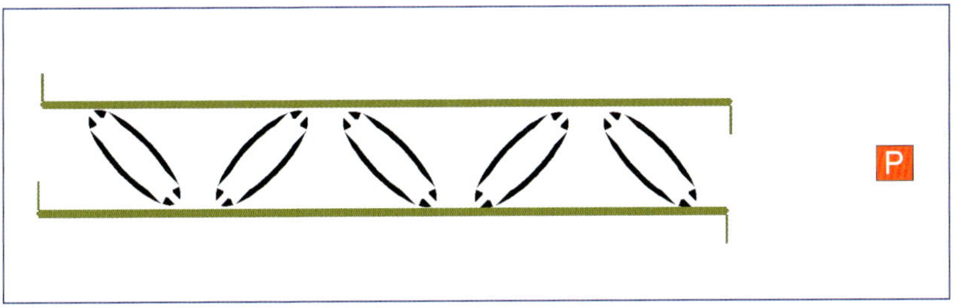

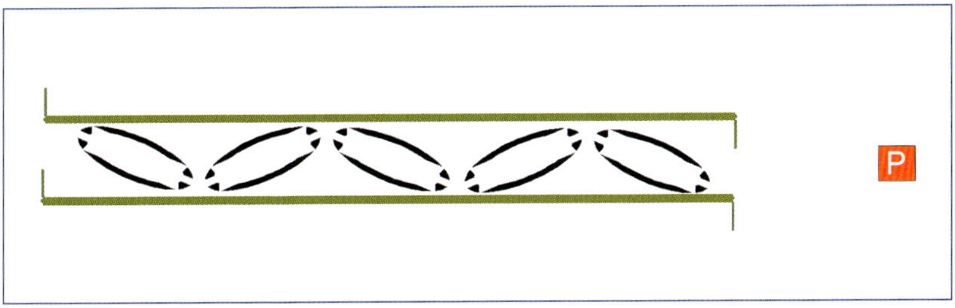

Hat man den Ausbildungsstand erreicht und stehen die fünf Hoopers in einer Line, muss der Hasendraht anders angebracht werden. Dabei ist zu berücksichtigen, dass der Hund immer mit seiner linken Schulter einfädeln soll. Folglich muss das erste Tor wie in unserer nachfolgenden Grafik offen sein.

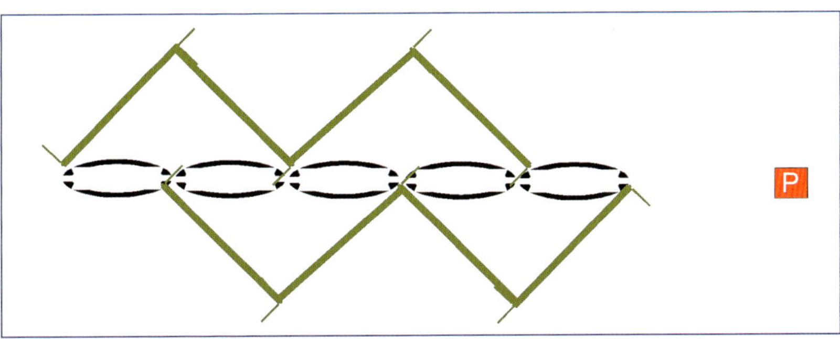

Der Hasendraht lässt sich nach Erlernen rasch abbauen, sollte jedoch nicht zu früh im Gesamten abgenommen werden.

FAZIT

Wird der Hasendraht zu früh entfernt, entstehen Fehler. Fehler machen Hund und Hundeführer unsicher. Daher sollte man den Slalom nach Erlernen zunächst in den gesamten Parcours einbauen und erst viel später den Hasendraht im hinteren Teil und dann im vorderen Teil entfernen.

Figuren (I-L-U-Q-Welle)

Figur I

Das „I" gehört zu den Basisübungen. Es können beliebig viele Hoopers, Tonnen oder Tunnel hintereinander gestellt werden. Der Hund soll die Gerade mit Abschluss der Pylone/Stange laufen (siehe „Aufbau Hooper", Methode 2).

Das „I" ist eine der Grundübungen.

Figur L

Beherrscht der Hund die Gerade konstant fehlerfrei aus verschiedenen Führbereichen, wagen wir uns einen Schritt weiter und gehen in Richtung „L".
Beim „L" stellt der Winkel die Schwierigkeit dar. Die Hunde sind zu diesem Zeitpunkt schon sehr schnell in der Geraden und müssen daher das Abbiegen erst lernen.
Wir beginnen mit zwei Hoopers, wie in der Grafik zu sehen ist (in der Darstellung wird der Hund rechts geführt und läuft gegen den Uhrzeigersinn).
Der Hund lernt dabei erst, den Winkel zu laufen. Der Hundeführer wechselt immer wieder den Führbereich, die Distanz und die Seite (Hund im Uhrzeigersinn links führen und gegen den Uhrzeigersinn rechts führen). Kann der Hund diese Übung bewältigen, stellen wir vor den Winkel einen weiteren Hooper, sodass der Hund zwei Hoopers bis zum Winkel laufen soll.
Je nach Können steigern wir hier die Anzahl der Hoopers vor und nach dem Winkel, bis das „L" gelaufen werden kann.

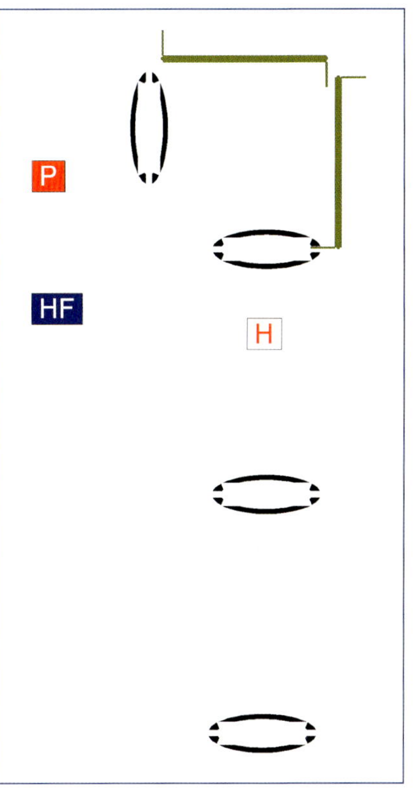

Bei jeder neuen Übung ist es normal, dass sich der Hund langsam und eventuell verhalten bewegt, daher sollten die Übungen nur allmählich gesteigert und der Hund nicht überfordert werden.

Figur U

Lässt sich der Hund aus jeder Distanz im „L" führen, kann das „U" aufgebaut werden. Nun wird nicht der erste Winkel die Schwierigkeit, da der Hund diesen Winkel im „L" gelernt hat, sondern der zweite Winkel.
Bei Anfängerhunden sollte gleich zu Beginn der Übung am zweiten Winkel Hasendraht zur Unterstützung aufgestellt werden, wie in folgender Grafik zu sehen ist (in der Darstellung wird der Hund rechts geführt und läuft gegen den Uhrzeigersinn).

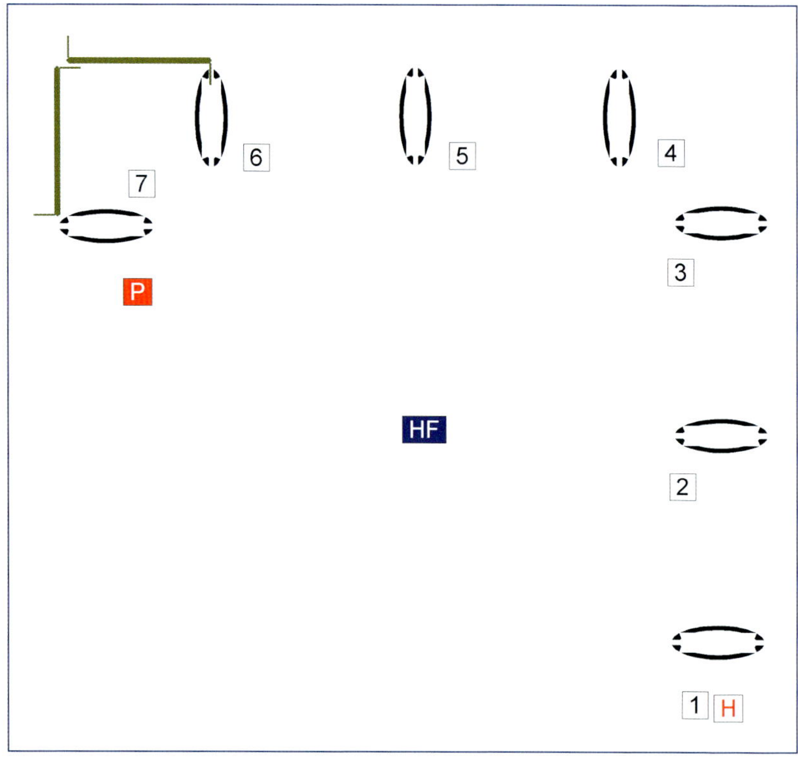

Beginn dieser Übung ist der zweite Winkel (von 6 auf 7 + Pylone/Stange), so wie das „L“ aufgebaut wurde. Beherrscht der Hund den Winkel, nehmen wir nach jedem erfolgreichen Durchgang einen Hooper vor den zweiten Winkel, bis wir beim Anfang „L“ (von 1 bis 7 + Pylone/Stange) angekommen sind.
Erst dann wird die Anzahl der Hooper nach dem zweiten Winkel erhöht. Beherrscht der Hund das „U“, entfernen wir den Hasendraht am zweiten Winkel und überprüfen die Übung.

Figur Q

Das darauffolgende Quadrat wird in gleicher Weise wie das „U“ erarbeitet. Beginn dieser Übung ist der dritte Winkel (von 9 auf 10 + Pylone/Stange). Auch in dieser Darstellung wird der Hund rechts geführt und läuft gegen den Uhrzeigersinn.

Beherrscht der Hund diesen Winkel, nehmen wir mit jedem erfolgreichen Durchgang einen weiteren Hooper vor den Winkel, bis wir am Start, dem Einstieg „I“ (von 1 bis 10 + Pylone/Stange), angekommen sind.

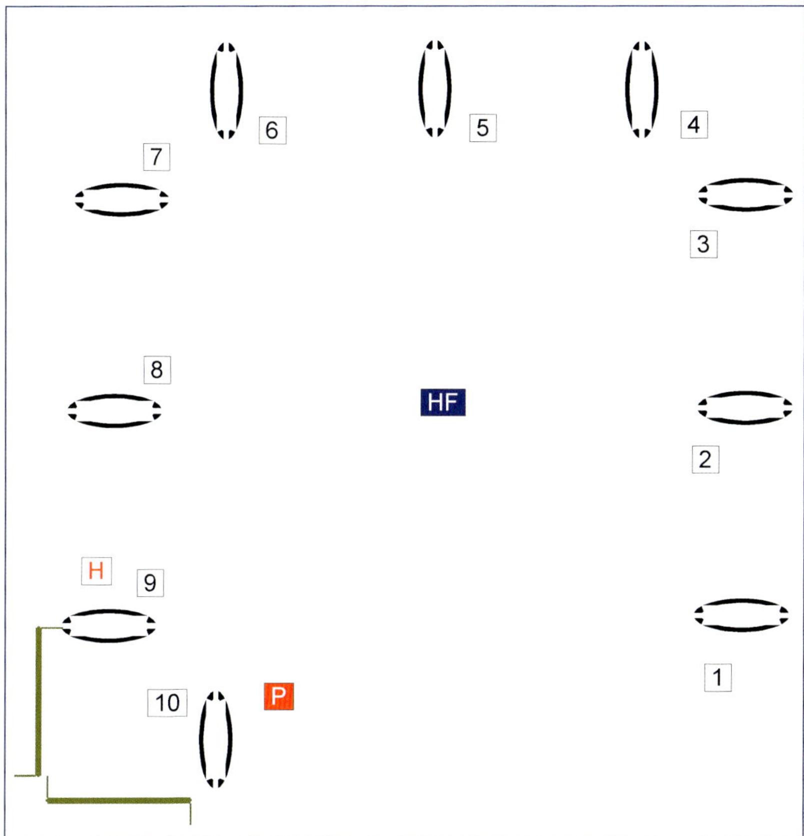

Wie immer sollte man darauf achten, dass der Hund rechts und links geführt wird und dass der Hundeführer immer wieder den Führbereich und die Distanz wechselt, damit der Hund die Übung nicht räumlich verknüpft.
Der Hund hat zwischenzeitlich gelernt, über den Einstieg „I" das „L" abzuarbeiten und einen dritten Winkel zu laufen. Mit jedem erfolgreichen Durchgang nehmen wir einen Hooper nach dem Winkel dazu, bis wir am Ende des Quadrats angekommen sind.
All diese Trainingsabschnitte benötigen viele Übungseinheiten, Kondition, Geduld und Ausdauer.

Figur Welle

Als „Welle" wird eine Hoopers-Reihe bezeichnet, in der die Hoopers um 90 Grad gedreht aufgebaut werden und somit eine gerade Linie entsteht, in der sich der Hund dann schließlich von Hooper zu Hooper schlängelt oder „webt".

Zunächst wird in der Geraden, wie in folgender Grafik zu sehen ist, begonnen (der Hund wird links geführt und läuft im Uhrzeigersinn).

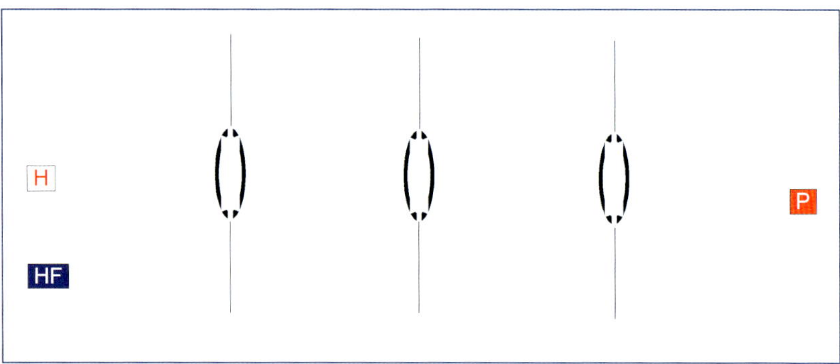

Die Zäune werden gleich zur Gewöhnung mit aufgestellt, jedoch erst in der Endphase als Hilfsmittel notwendig, damit die Fehlerquote gering gehalten wird.
In dieser Übung steckt die Wiederholung der Figur „I".
Der Hund wird mit dem Kommando „Vor" von 1 bis 3 ins „Außen" um die Pylone/Stange gearbeitet. Wie immer werden Hundeführerpositionen und die Distanz mit jedem Durchgang verändert.

Für den Aufbau der „Welle" werden die Hoopers zunächst in einer Geraden aufgestellt.

Die nachfolgenden Grafiken (der Hund wird links geführt und läuft im Uhrzeigersinn) zeigen die allmähliche Veränderung vom „I“ in die „Welle“.

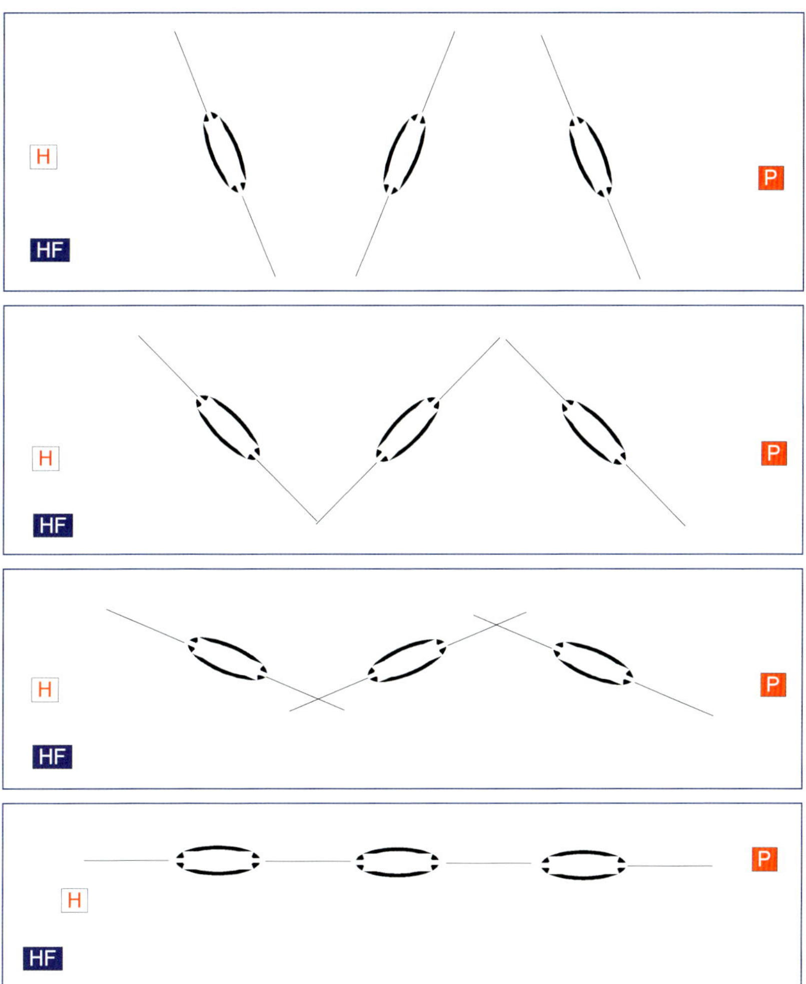

Die Hoopers werden je nach Können zusammen mit den Zäunen und der Pylone/Stange umgesetzt. Sobald der Hund nicht mehr in der Geraden arbeitet, fließt das neue Kommando „Welle“ mit ein. Nun heißt es: „Welle“ und „Außen“.

Der Hund wird anfangs kaum eine Veränderung feststellen und es bleibt für ihn ziemlich lange eine Gerade, ohne dass er sich durchweben muss.

Ganz allmählich werden die Hoopers anders ausgerichtet, bis die „Welle“ entsteht.

So sieht es aus, wenn sich der Hund durch die „Welle“ schlängelt (a–e).

Hinter dieser Übung steckt Fleißarbeit. Häufige Wiederholungen und kleine Schritte sind erforderlich. Werden die Hoopers und Zäune sowie die Wendepylone/Stange jeweils nur minimal gedreht, fällt es dem Hund leicht, seinen Job richtig zu machen.

Wie immer gilt: Passieren kaum Fehler, gewinnt der Hund an Sicherheit und bekommt eine positive Einstellung zum Kommando.
Darauf zu achten ist, dass der Hund nicht gerade in die „Welle“ einsteigt (siehe folgende Grafik).

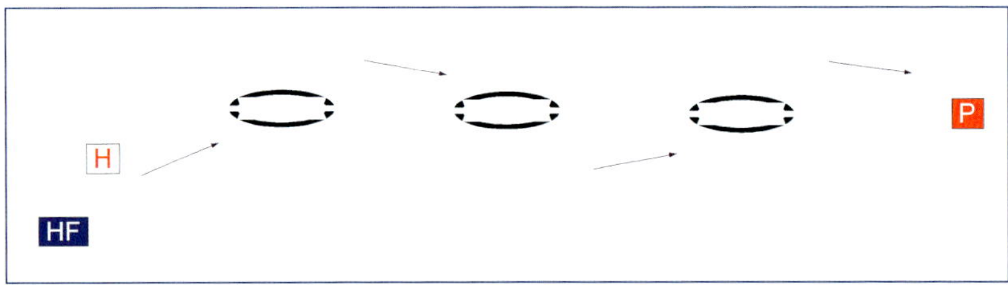

Dies ist ein optimaler Einstieg. Hier kann mit dem Kommando „Welle“ gearbeitet werden.

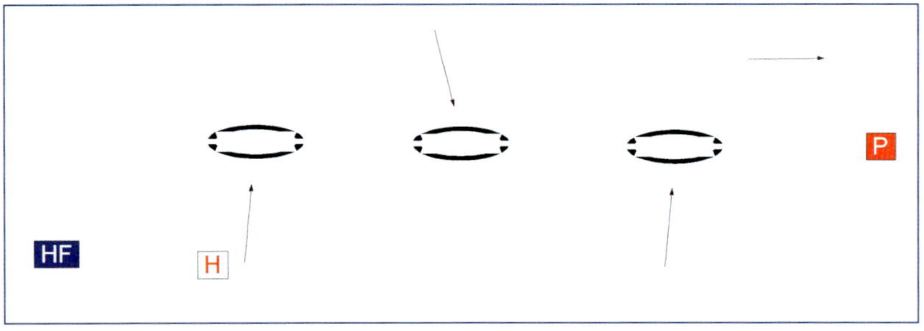

Dies ist ein ungünstiger Einstieg. Hier sollte mit den Kommandos „Rechts“ und „Links“ gearbeitet werden.

Kommt der Hund aus einem ungünstigen Winkelverlauf, sollte nicht mit dem Kommando „Welle“ gearbeitet werden, sondern besser mit den Richtungswechsel-Kommandos („Rechts“ und „Links“) oder alternativ mit Hundename und „Weg“.
Die Zäune werden erst entfernt, sobald der Hund an Sicherheit gewonnen hat.

Hoopers-Agility im Alltag

Wie die meisten Hundesportarten ist man bei dem gezielten Training darauf angewiesen, einen entsprechenden (Hunde-)Platz mit den notwendigen Geräten und im Idealfall einen erfahrenen Trainer, der Kurse und Seminare zu diesem Sport anbietet, zur Verfügung zu haben.
Aber nicht jeder hat die Möglichkeit, aufgrund der örtlichen, finanziellen oder zeitlichen Gegebenheiten regelmäßig zum Beispiel einmal in der Woche oder an mehreren Wochenenden einen Kurs oder feste Trainingseinheiten zu besuchen.
Das bedeutet aber nicht, dass man mit seinem Hund überhaupt nicht diesen Hundesport – wenn auch vielleicht in abgespeckter Form – ausüben kann.

Hierfür gibt es zwei Alternativen: Wer selbst ein großes, ebenes Grundstück zur Verfügung hat und etwas Geld investieren möchte, kann sich die notwendigen Geräte wie Pylone, Hoopers, Fass, Tunnel usw. selbst anschaffen und sich nach Belieben die Übungsgeräte im Garten aufstellen. Da diese Geräte alle sehr leicht und einfach aufzubauen sind, können sie auch schnell wieder abgebaut und zum Beispiel in einem Geräteschuppen untergebracht werden, sodass sie in der übrigen Zeit nicht stören. Vielleicht gibt es in der Umgebung auch andere Hundesportbegeisterte, die sich daran beteiligen und mit denen man zusammen das Training durchführen kann.

Wer die Investition scheut oder nicht so viel Platz zur Verfügung hat, kann auch mit selbstgebastelten Geräten oder mit dem, was die Natur bietet, vergleichbare Übungen mit seinem Hund durchführen. Das ist übrigens auch für die Hundesportler interessant, die regelmäßig zum Training gehen. Denn im Idealfall übt man täglich kleine Einheiten mit seinem Hund, die auch durchaus auf andere Geräte und Gegenstände übertragen werden können.

Mit einfachen Hilfsmitteln wie diesen weichen Kunststoffrohren lassen sich im Garten Hoopers aufbauen.

Der Hund soll ja nicht nur auf dem Hundeplatz und mit bestimmten Geräten auf Distanz geführt werden, sondern auch an anderen Orten und unter anderen Gegebenheiten. Wenn das nämlich dort auch funktioniert, weiß man, dass der Hund wirklich auf die Zeichen seines Hundeführers reagiert und nicht selbst und eigenmächtig die Übungen durchführt, weil er den Ablauf ohnehin schon kennt.

An fast jedem Baum lässt sich das Herumlaufen gut üben und bringt gleichzeitig Abwechslung in den Alltag.

Ein alter Hula-Hoop-Reifen oder ein stabiles, biegsames dünnes Kunststoffrohr lässt sich schnell zu einem Hooper umfunktionieren, indem man es einfach in den Boden steckt. Auch eine Hecke, die an bestimmten Stellen ein größeres Schlupfloch hat als an anderen Stellen, kann zum Durchlaufen verwendet werden.
Jeder Baum, jeder Strauch, jeder Laternenpfahl oder ein ausgedienter Zaunpfosten, der irgendwo zurückgelassen wurde, kann als Ersatz für die Pylone dienen, um dem Hund zum Beispiel das Herumlaufen beizubringen.

Diese Übung lässt sich somit in jeden Spaziergang einbauen und hat klar den Vorteil, dass der Hund die Übung auf alle Fälle generalisiert und wirklich aufgrund des Kommandos ausführt, also nicht mit einem bestimmten Gegenstand oder Standort verknüpft. Das bringt echte Abwechslung, fördert die Aufmerksamkeit des Hundes und macht sowohl Mensch als auch Hund viel Spaß. Stehen auf einer Wiese zum Beispiel mehrere Bäume, kann auch hier der Hundeführer sozusagen in seinem Führbereich stehen bleiben und seinen Hund mit entsprechenden Sicht- und Hörzeichen um die verschiedenen Bäume schicken.
Das Umlaufen des Zauns lässt sich dort üben, wo zum Beispiel Absperrungen einer Baustelle oder andere Absperrgitter noch nicht entfernt oder abtransportiert wurden und ein einsames Dasein fristen.

Der Fantasie sind hier keine Grenzen gesetzt. Und wer beim täglichen Gassigang auf solche Dinge achtet, wird mit ganz anderen Augen unterwegs sein. Sicherlich lässt sich auf diese Weise nicht ein kompletter Parcours üben und trainieren, aber die Distanzarbeit mit dem Hund ist so durchaus möglich. Außerdem kann man täglich mit seinem Hund üben und seine Fähigkeiten steigern, ohne dafür einen bestimmten Platz aufsuchen zu müssen.
Und der Hund freut sich, weil sein Mensch sich immer wieder spannende und abwechslungsreiche Übungen einfallen lässt, was wiederum die Bindung fördert und den Hund fordert.

Parcours zum Nachstellen

Für das Training und als Ideen für die praktische Umsetzung werden im Folgenden eine Auswahl an Beispielparcours mit Erläuterungen vorgestellt. Im Laufe der Zeit hat sich rauskristallisiert, welche Art von Kombinationen der Geräte sich in Parcours bewehrt haben und welche weniger gut geeignet sind, da sie zu extremen Belastungen besonders bei den schnellen Hunden führen können.

Aufgrund dieser Erfahrung wurden hier Beispielparcours ausgewählt, die für alle Hunde geeignet sind und auch die Grundlage für neue Ideen bei der Parcoursauswahl sein sollen.

Bei manchen Parcours werden zwei Führbereiche eingezeichnet, und zwar einer für Anfänger und einer für Fortgeschrittene. Somit kann derselbe Parcours verschiedene Schwierigkeitsgrade aufweisen.

Der Führbereich muss bei jedem Parcours festgelegt werden.

Parcours für lauffreudige Hunde

16 Hoopers, 1 langer Tunnel, 1 kurzer Tunnel

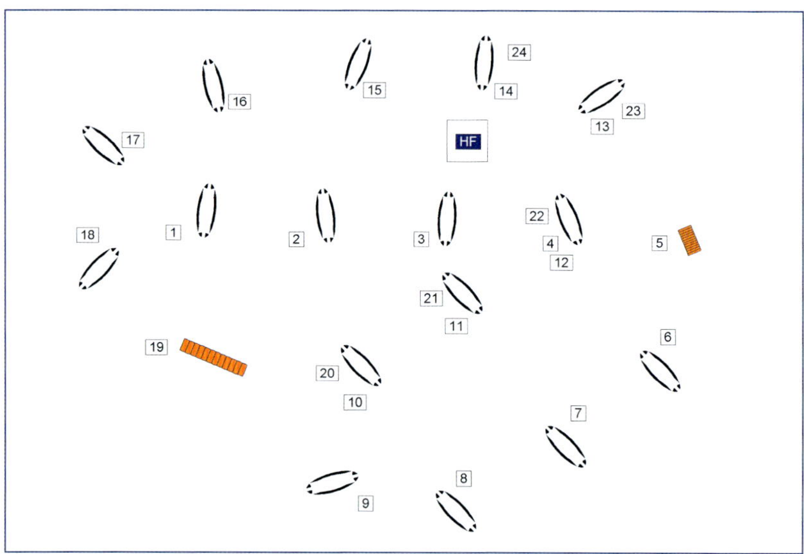

Geführt wurde aus der Standposition zwischen 3 und 14. Wenn der Hund seinen Job (Halten der Startposition) ausführt, ist der Anfang sehr einfach, da der Hund lediglich auf einer Geraden abgerufen wird. Mit einem „Weg" wird der Hund in die Außenbahn geführt.

Der Hund kann ohne Verleitungen die Außenbahn abarbeiten. Der Parcours wurde so gestellt, dass selbst ein Fehltritt von 9 auf 10 fast unmöglich ist. Nach der 9 wird der Hund in die Innenbahn zur 10 eindrehen. Die Innenbahn stellt keine Schwierigkeit dar, da Richtung Hundeführer gearbeitet wird.

Jetzt folgt von 14 auf 19 die Schwierigkeit des Parcours, den Hund auf der Außenbahn über lange Distanz weg vom Hundeführer zu arbeiten. Von 17 auf 18 wird es nochmal schwierig, damit der Hund nicht zur 1 abbiegt. Gut gedacht war hier der Einbau des Tunnels, welcher schon bei der 17 angesagt werden kann und wodurch der Hund wieder nach vorne anzieht.

Hat man diese Ecke geschafft, ist der Hund fast im Ziel. Die Innenbahn in Richtung Hundeführer ist ein schöner Schluss und nun heißt es nach der 24 den Hund aus dem „Laufrausch" nehmen und den Parcours zu beenden.

Parcours mit kurzen und langen Tunneln

4 Hoopers, 3 kurze Tunnel, 3 lange Tunnel

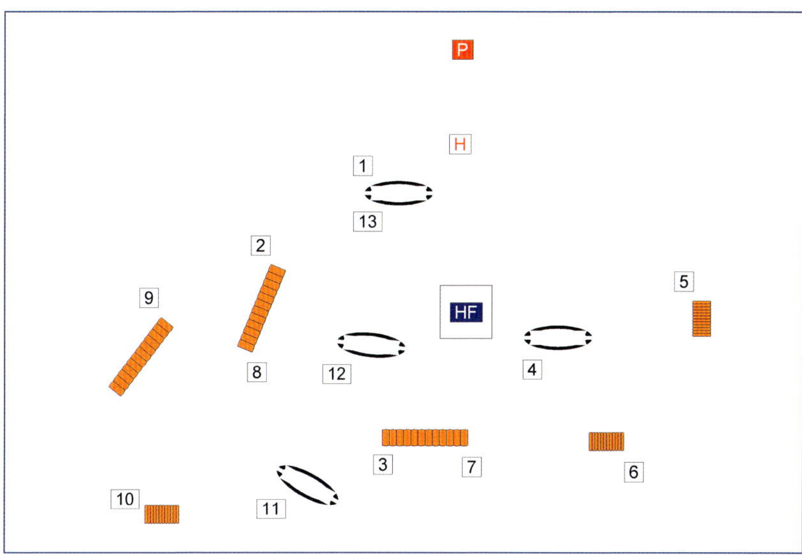

Dieser Parcours mit sechs Tunneln macht den Hunden viel Spaß. Geführt wird aus einer reinen Standposition mit insgesamt acht Richtungswechseln. Die Schwierigkeit ist von 9 auf 10. Die Distanz zum kurzen Tunnel 10 mit verdecktem Eingang ist sehr schwer.

Parcours mit frei wählbarem Führbereich

6 Fässer, 1 langer Tunnel

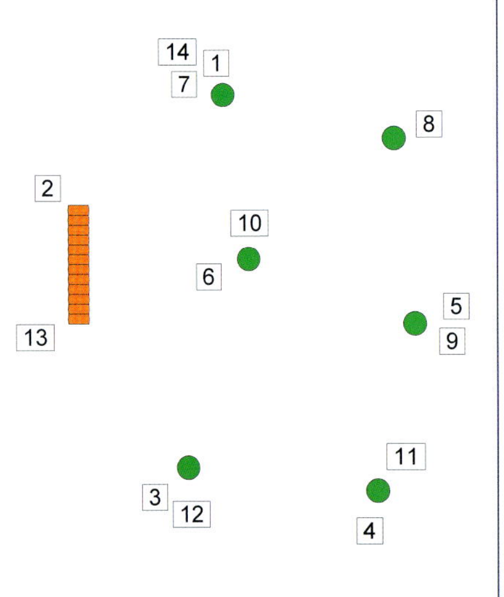

Bei diesem Parcours kann zum Beispiel das „Weg" gut geübt werden.

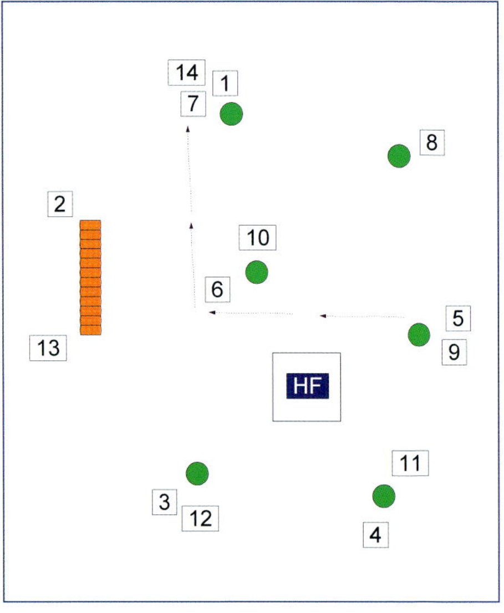

Um ein Weg-Kommando von 5 auf 6 üben zu können, bietet sich ein Führbereich in der Mitte zwischen den Fässern 3, 4, 5 und 6 an.

Nachdem das Start-Kommando erteilt wurde, folgt sofort das Tunnel-Kommando. Nimmt der Hund den Tunnel an, dreht sich der Hundeführer langsam Richtung Mitte von Tunnel und Fass und erteilt das Außen-Kommando für die 3. Der Hundeführer nimmt parallel zum Hund seinen Oberkörper Richtung 4 mit und gibt das Außen-Kommando. Richtung 5 folgt ein Vor-Kommando und sobald der Hund die 5 annimmt, folgt ein Komm-Kommando. Der Hund wird dann in Richtung Hundeführer laufen.

Der Hundeführer zieht nun mit seinem rechten ausgestreckten Arm den Hund etwas an sich und dreht ihn vor sich in Folgerichtung. Jetzt folgt das Weg-Kommando. Biegt der Hund Richtung 7 ab, folgt das Vor-Kommando. Nun übernimmt der linke Arm die Führung.

Der Oberkörper des Hundeführers ist auf die 7 ausgerichtet. Entweder wird nun mit einem Vor-Kommando zur 8 weitergearbeitet oder es folgt ein Außen. Der

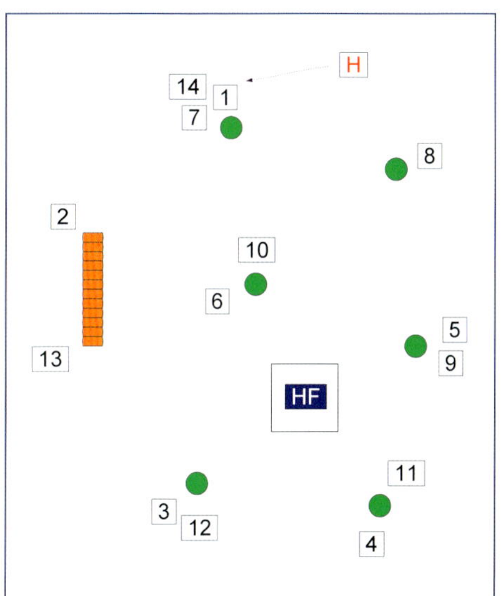

Der Hundeführer muss auf die Pfötchenposition am Start achten (Pfötchenstellung in Richtung außerhalb des Parcours).

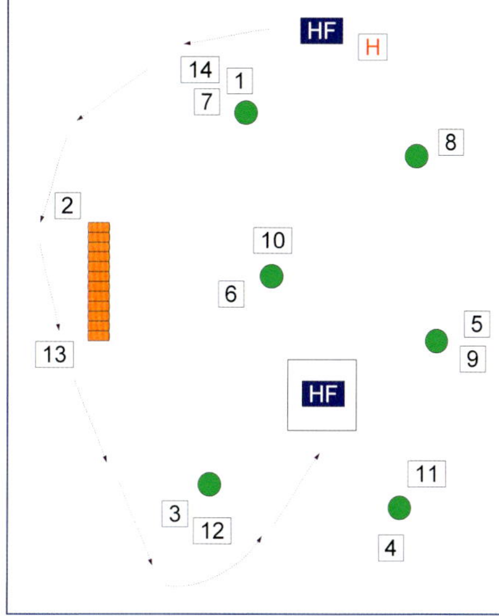

Der Hundeführer nimmt den äußeren Weg am Tunnel zu 3 in Richtung Führbereich. Die Fuß- und Oberkörperposition des Hundeführers zeigt dabei zum Hund. Geführt wird mit dem rechten Arm.

Oberkörper des Hundeführers dreht langsam parallel zum Hund mit, sollte dabei aber auf seiner Höhe bleiben. Das heißt, erst wenn der Hund an der 8 ins Außen läuft, darf der Oberkörper in Richtung 9 weisen. Von 8 auf 9 dürfte es keine Probleme geben. Der Hund arbeitet in einem kleineren Distanzbereich und es sind keine Verleitungen im Weg.

An der 9 übernimmt nun wieder der rechte Arm die Führung und leitet den Wechsel ins Außen 10 ein. Solange der Hund im Außen 10 arbeitet, wechselt die Führhand wieder auf links und es folgt ein Komm-Kommando. Der Hund wird links am Hundeführer vorbei ins Außen 11 gearbeitet. Der Oberkörper ist dabei ins Außen gerichtet. Nun folgen noch ein Vor-Kommando sowie ein Kommando für Tunnel und Außen, der Hundeführer dreht dabei parallel mit dem Hund.

Parcours mit verschiedenen Führbereichen

12 Hoopers, 1 langer Tunnel

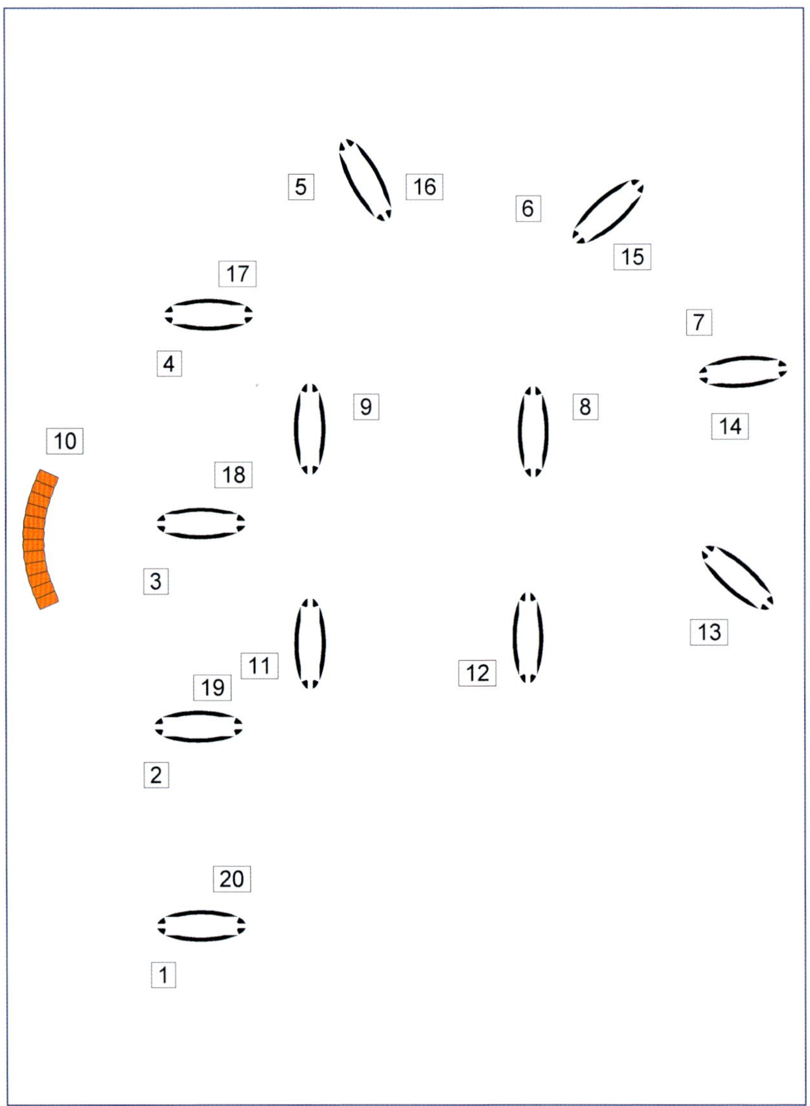

Voraussetzung für diesen Parcours ist die Grundlage eines Quadrats.

Führbereich Anfänger

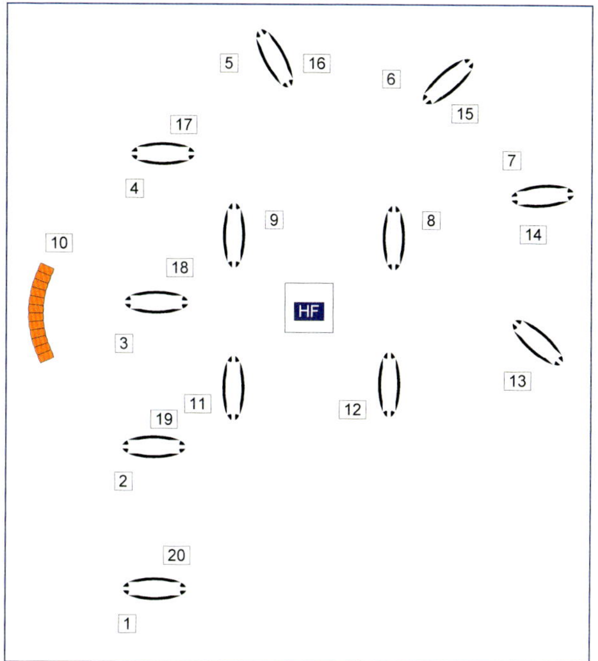

Führbereich Anfänger

Dieser Parcours wird in einem Distanzbereich von 10 Metern gearbeitet. Der Führbereich liegt in der Mitte.
Der Hund wird am Start mit den Pfötchen Richtung Tunnel in Position gebracht. Der Hundeführer läuft links an den Hoopers 1 bis 4 vorbei in den Startbereich.
Bei der Freigabe zeigt der Oberkörper des Hundeführers zum Hund, der linke Arm ist ausgestreckt. Setzt der Hund sich in Bewegung, folgt das Vor-Kommando und der Hundeführer arbeitet parallel mit dem Hund bis zur 7. Kurz vor der 7 wird der Hund mit dem Namen angesprochen, alternativ kann auch mit dem Kommando „Links“ gearbeitet werden. Der Hundeführer nimmt einen Wechsel des Führarms vor.
Der Oberkörper des Hundeführers ist auf die 8 ausgerichtet. Nimmt der Hund den Hooper 8 an, folgt sofort das Tunnel-Kommando. Der Oberkörper des Hundeführers richtet sich auf den Tunnel aus. Nimmt der Hund den Tunnel an, dreht

der Hundeführer seinen Oberkörper in Richtung 12 und nennt den Hund beim Namen. Somit schießt der Hund nicht zu weit in Richtung 2 und kommt zielstrebig in die Linie zur 11.
Nimmt der Hund die 12 an, wird der Oberkörper des Hundeführers zu der Mitte von 13 und 14 ausgerichtet. Der rechte Arm übernimmt die Führung und hält den Hund draußen. Es wird mit dem Vor-Kommando gearbeitet. Nimmt der Hund die 14 an, dreht der Hundeführer seinen Oberkörper zur Mitte von 14 und 15 und unterstützt weiter mit dem Vor-Kommando. Nimmt der Hund die 15 an, haben wir schon das meiste geschafft. Wir drehen uns parallel mit dem Hund und halten die Linie. Wichtig dabei ist, dass der Oberkörper des Hundeführers parallel mit dem Hund arbeitet und nicht nach links in Richtung 11 weist.
Der Schluss ist für den Anfänger-Hund das Schwierigste im Parcours. Es wurden viele Hindernisse in Distanz bewältigt, nun kommt der Hund am Hundeführer vorbei und soll nochmals von ihm weg. Der Hundeführer unterstützt hier mit voller Konzentration, stellt sich im Ziel einen weiteren Hooper mental vor und gibt das Vor-Kommando übers Ziel hinaus.

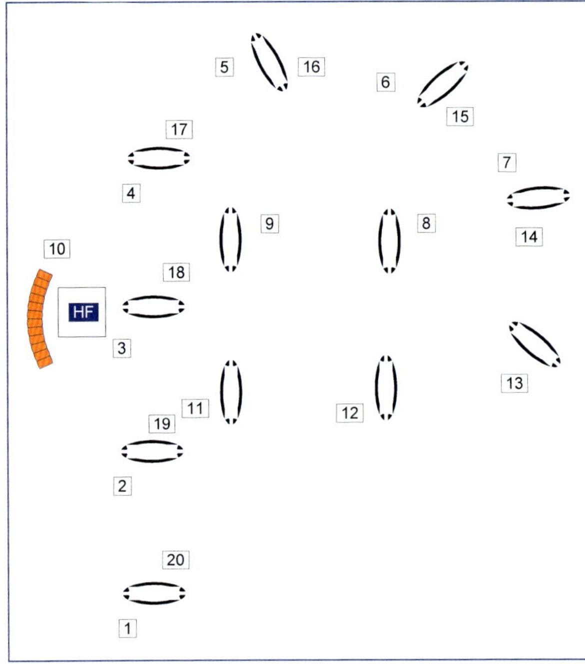

Führbereich Fortgeschrittene

Führbereich Fortgeschrittene

Hier wird der Parcours in einem Distanzbereich von 18 Metern gearbeitet. Voraussetzung ist ein Weg-Kommando auf Distanz.
Der Hund wird vor dem Start in Richtung Hooper 11 positioniert. Der Hundeführer läuft auf der rechen Seite von 1 bis 3 entlang und nimmt die Position im Führbereich ein. Die Fußposition des Hundeführers richtet sich in die Gerade, der Oberkörper wird so gut es geht zum Hund ausgerichtet. Der rechte Arm ist der Führarm. Beim Start-Kommando bleibt der Hundeführer so lange zum Hund ausgerichtet, bis dieser in die Gerade startet. Erst dann dreht sich der Hundeführer in Laufrichtung 4.

Kurz vor der 4 wird das Weg-Kommando erteilt, alternativ kann auch das Rechts-Kommando angesagt werden. Der linke Arm wird nun der Führarm. Der Oberkörper des Hundeführers ist auf die Mitte von 5 und 6 ausgerichtet und dreht sich erst mit dem Hund, wenn dieser sicher die 6 annimmt. Vor der 7 kann das Richtungswechsel-Kommando erteilt werden, entweder der Name des Hundes oder das Komm-Kommando. Der Hundeführer nimmt einen Armwechsel vor und dreht seinen Oberkörper zur 9.

Arbeitet der Hund in Richtung 9, kann das Tunnel-Kommando erteilt werden und der Hundeführer lässt rechts den Hund an sich vorbei den Tunnel passieren. Kommt der Hund aus dem Tunnel, sollte der Hundeführer mit dem Rücken zu ihm stehen, der Oberkörper zeigt in den Anfänger-Führbereich und das Vor-Kommando folgt. Arbeitet der Hund Richtung 13, sollte der Oberkörper des Hundeführers zur 14 ausgerichtet werden mit dem rechten Führarm. Der Hundeführer verharrt in seiner Position, bis der Hund die 14 annimmt. Er wird mit dem Vor-Kommando und dem rechten ausgestreckten Arm bis zur 16 weitergeführt.

Arbeitet der Hund Richtung 17, verwendet der Hundeführer seinen linken Arm für die Führung und dreht seinen Oberkörper in die Ziellinie. Der Hundeführer unterstützt hier mit voller Konzentration, stellt sich im Ziel einen weiteren Hooper mental vor und gibt das Vor-Kommando übers Ziel hinaus.

Parcours mit schwierigem Führbereich

6 Hoopers, 2 Fässer, 1 langer Tunnel

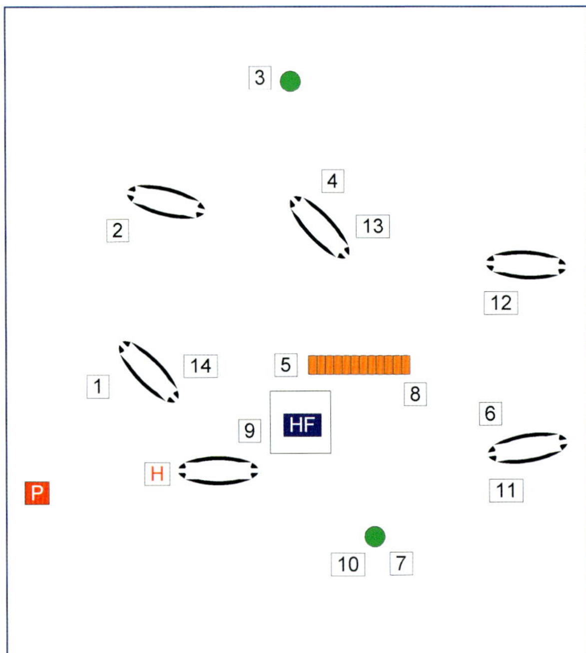

Der Führbereich befindet sich zwischen 5 und 9 und stellt gleich zu Beginn eine große Herausforderung dar.

Bei der Startfreigabe richtet der Hundeführer seinen Oberkörper zwischen 1 und 2 aus und unterstützt mit dem linken ausgestreckten Arm. Arbeitet der Hund zur 2, ist es wichtig, sich nicht zu schnell zu drehen und den Oberkörper zwischen 2 und 3 ausgerichtet zu lassen, bis der Hund das Außen 3 annimmt. Durchläuft der Hund die 2, wird das Außen-Kommando erteilt und der Hundeführer blickt so lange ins Außen, bis der Hund an dem Fass angekommen ist. Erst jetzt nimmt der Hundeführer einen Handwechsel vor.

Hooper 4 wird mit dem rechten Arm geführt und Tunnel 5 wieder mit links. Hier dreht sich der Hundeführer zum Tunnel, sobald der Hund durch Hooper 4 läuft. Der linke Arm bleibt in der Position und der Hund wird, da der Hundeführer ohnehin auf dieser Seite steht, nach links orientiert aus dem Tunnel kommen.

Der Hundeführer richtet seinen Oberkörper nun zur 6 aus und dreht sich dann zur 7 mit dem Hund mit. Solange der Hund um das Fass arbeitet, nimmt der Hundeführer einen Armwechsel vor und führt mit dem rechten Arm weiter. Der

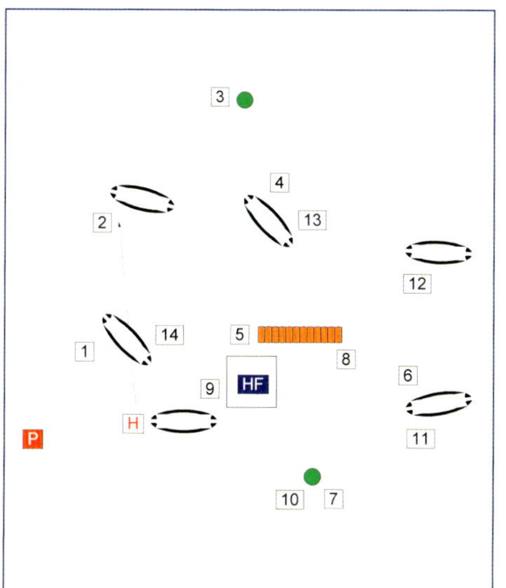

Der Hund wird mit Pfötchenposition zum linken Rahmen des zweiten Hoopers ausgerichtet.

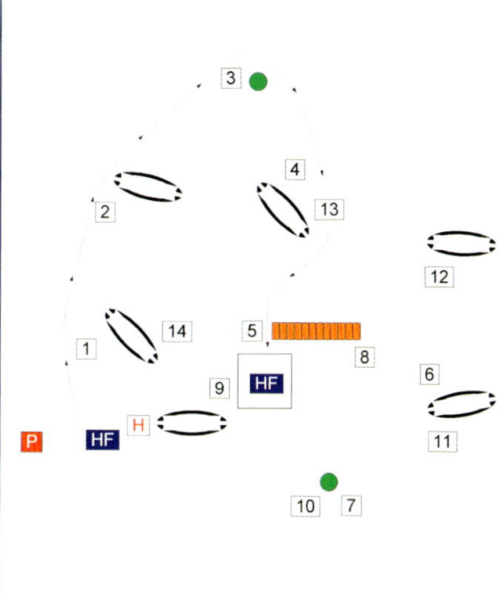

Der Hundeführer läuft außerhalb des Parcours zur 2, um das Fass 3 herum, in den Parcours zu 4 und 5 und dann in den Führbereich.

Oberkörper dreht sich hier zusammen mit dem Hund zum Tunneleingang. Ist der Hund im Tunnel, sollte sofort der Hundename gerufen werden. Somit ist gesichert, dass der Hund nicht zu weit aus dem Tunnel schießt und gleich zur 9 weitergearbeitet werden kann. Der Hundeführer arbeitet mit dem rechten Arm und der Oberkörper zeigt in die Mitte des Hoopers. Das Außen am Fass wird der Hund automatisch auf seiner Linie zur 11 mitnehmen.

Nun folgt die schwierigste Passage in diesem Parcours. Der Hund muss außen weiterarbeiten und soll nicht auf Höhe des Tunnels abbiegen. Hier ist es wichtig, das Vor-Kommando so lange zu sagen, bis der Hund die 12 annimmt. Der Oberkörper des Hundeführers muss genauso lange zwischen 11 und 12 ausgerichtet bleiben. Arbeitet der Hund die 12 ab, kann sich der Hundeführer in Richtung Zielgerade drehen. Der rechte Arm bleibt der Führarm und der Oberkörper weist zur 14.

Kurzer Parcours mit schwerer Startposition

7 Hoopers, 1 langer Tunnel

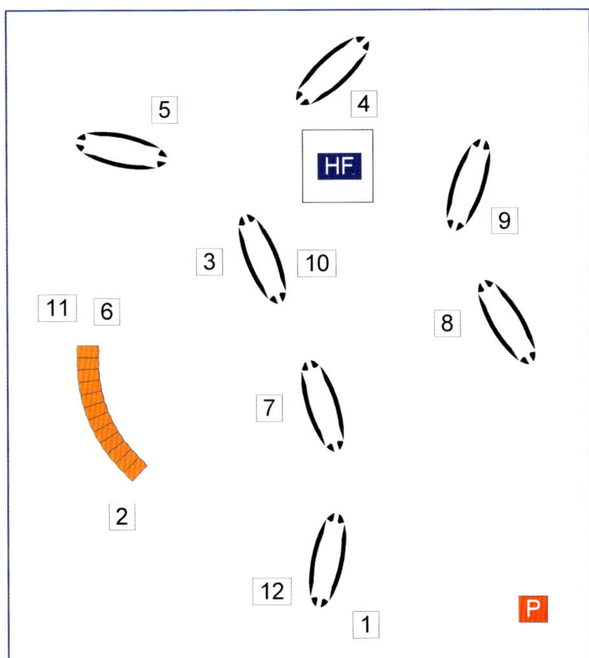

Der Führbereich befindet sich zwischen 9 und 10.

Der Hund wird mit dem Start-Kommando für das erste Gerät freigegeben. Der Hundeführer richtet seinen Oberkörper auf den Hund, sein linker Arm ist dabei ausgestreckt.

Sobald der Hund das Start-Kommando annimmt, erteilt der Hundeführer das Tunnel-Kommando und setzt erst dann in ruhigen Bewegungen parallel zum Hund seinen Oberkörper in Bewegung.

Der Hundeführer lässt nach dem Tunnel den Hund auf sich zukommen und wechselt dabei auf den rechten Führarm. Der Hundeführer dreht sich zusammen mit dem Hund zum Hooper 4, lässt den rechten Arm nach außen gestreckt und richtet den Oberkörper zur 5 aus. Wenn der Hund die 5 abarbeitet, kann sich der Hundeführer mit seinem Oberkörper zwischen Hooper und Tunnel drehen und erteilt dabei das Tunnel-Kommando.

Wenn der Hund aus dem Tunnel kommt, muss er angesprochen und in Richtung 3 gelenkt werden. Jetzt erst ist es dem Hund möglich, die Linie 7 auf 8 zu laufen. Hierbei richtet sich der Hundeführer mit seinem Oberkörper zum Tunneleingang aus und nimmt den Hund mit dem linken ausgestreckten Arm an. Ist der Hund

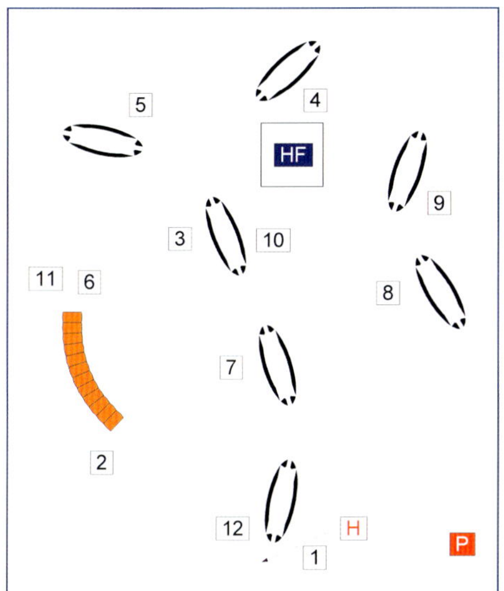

Der Hund wird mit den Pfötchen Richtung außerhalb des Parcours in seine Startposition gebracht.

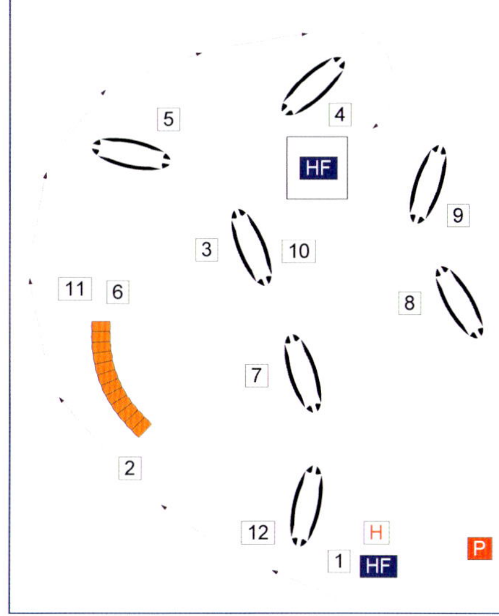

Der Hundeführer nimmt den weiten Weg zum Führbereich, das heißt, er läuft außerhalb des Parcours an der 1 vorbei, um den Tunnel herum, an der 4 und 5 vorbei in den Führbereich.

auf Höhe 7, wird auf den rechten Führarm gewechselt, der Oberkörper ist dabei auf den Hund ausgerichtet.

Der Hund wird diesen Richtungswechsel annehmen und in einem Halbkreis in die 7 eintauchen und dadurch den Kreis zur 8 problemlos weiterlaufen. Geführt wird mit dem rechten Arm und der Oberkörper ist parallel zum Hund. Kurz vor der 9 wird der Hund mit seinem Namen angesprochen und mit dem rechten ausgestreckten Arm nach vorne gearbeitet. Hier kann schon das Tunnel-Kommando genannt werden.

Das Weiterarbeiten nach dem Tunnel ist sehr schwer. Hier ist der Hundeführer nochmal besonders gefordert. Er muss seinen Oberkörper zum Tunnelausgang richten, das Vor-Kommando erteilen und erst, wenn der Hund das Vor-Kommando annimmt, mit dem Oberkörper wieder parallel den Hund bis ins Ziel begleiten.

Technischer Parcours

6 Hoopers, 2 kurze Tunnel, 1 langer Tunnel

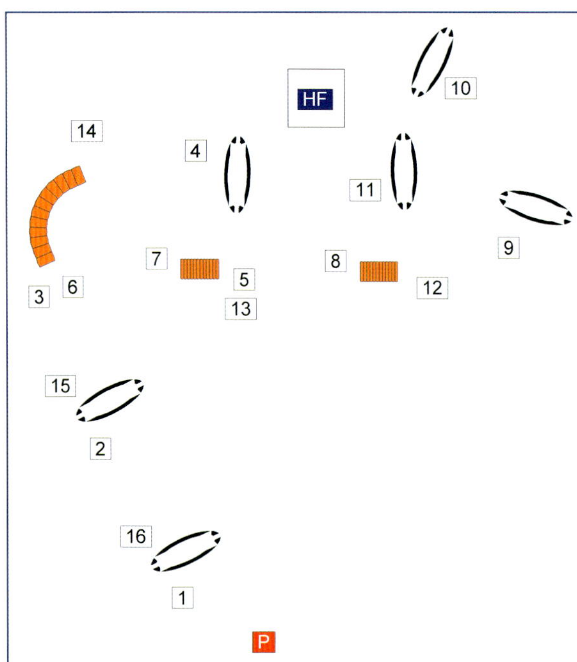

Dieser Parcours beginnt mit einem klassischen Start: Hooper – Hooper – Tunnel. Die Schwierigkeit ist hier der Führbereich. Obwohl der Tunnel das 3. Gerät ist, ist der Einstieg am Start für den Hund das Entscheidende.

Gibt der Hundeführer den Hund frei, ist sein Oberkörper dem Hund zugewandt und die linke Hand ist ausgestreckt. Blickt der Hund nach vorne, kann nach dem Start-Kommando sofort das Tunnel-Kommando gegeben werden. Kommt der Hund aus dem Tunnel 3, wird er mit dem rechten ausgestreckten Arm leicht zum Hundeführer hergezogen und mit einem Weg-Kommando von 4 auf 5 geführt. Der Oberkörper vom Hundeführer bleibt zunächst auf den Tunnel 5 ausgerichtet. Nimmt der Hund den Tunnel 5 an, sollte der Oberkörper des Hundeführers zwischen 2 und 3 zeigen, der linke Arm bleibt ausgestreckt und der Tunnel 6 wird angesagt.

Jetzt folgt eine schwierige Passage, welche punktgenau geführt werden muss. Der Hundeführer bleibt mit dem Oberkörper zum Tunnelausgang gerichtet, der rechte Arm ist ausgestreckt und ein Weg-Kommando folgt. Der Hundeführer hält so lange seine Position, bis der Hund nach rechts in Richtung Tunnel 7 dreht.

Der Hundeführer hält den rechten Arm weiter draußen, gibt das Tunnel-Kommando und lässt den Hund im Halbkreis bis zur 10 laufen. An der 10 ist der Oberkör-

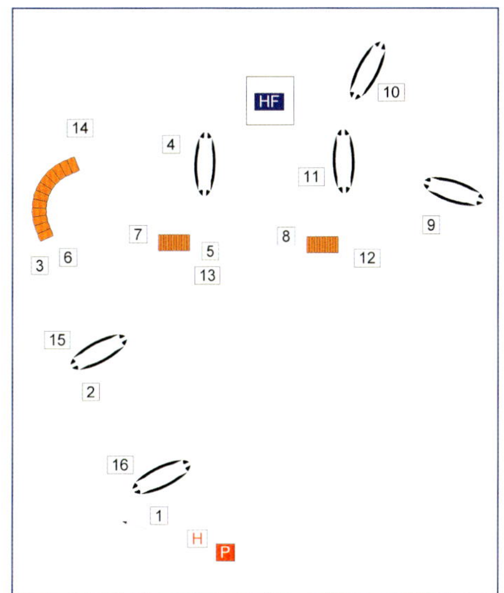

Der Hund wird bei der Pfötchenposition mit Blick außerhalb des Parcours in Startposition gebracht.

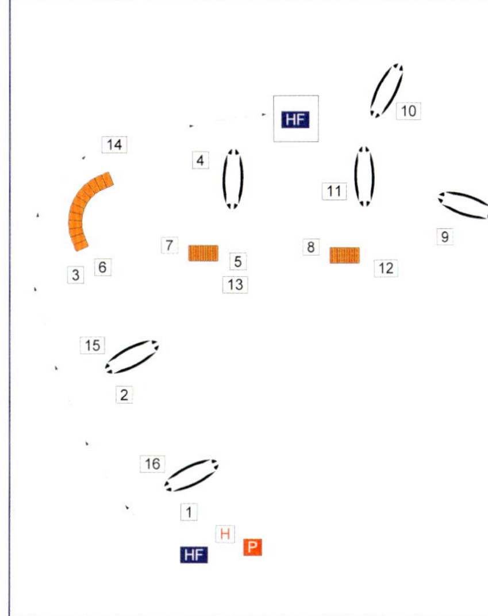

Der Hundeführer begibt sich auf den langen Weg außerhalb des Parcours, entlang von 2 und 3 und um den Tunnel, in seinen Führbereich.

per des Hundeführers zum Tunnel 14 ausgerichtet und der Hundeführer nimmt den Hund mit der rechten Hand an, erteilt das Rum-Kommando und führt ihn an seiner rechten Seite hinter sich. Nun wird mit der linken Hand der Tunnel 12 gezeigt. Der Oberkörper des Hundeführers dreht sich dann und zeigt in Richtung 1, der linke Arm ist ausgestreckt. Tunnel 13 wird angesagt und der Hundeführer dreht sich leicht mit.

Kurz bevor der Hund in den Tunnel 13 eintaucht, wird er mit dem Namen angesprochen und der Hundeführer dreht seinen Oberkörper mit ausgestrecktem linken Arm zur 14. Kommt der Hund nach rechts gelaufen und nimmt den Tunnel an, wird sofort das Lauf-Kommando gegeben. Der Hundeführer arbeitet mit dem rechten ausgestreckten Arm weiter, der Oberkörper richtet sich zum Tunnelausgang und bleibt so lange dort ausgerichtet, bis der Hund die 15 annimmt. Erst dann dreht sich der Hundeführer zur 15 und schaut dem Hund zur 16 hinterher.

Sehr lang gestreckter Parcours

12 Hoopers, 3 kurze Tunnel, 1 langer Tunnel

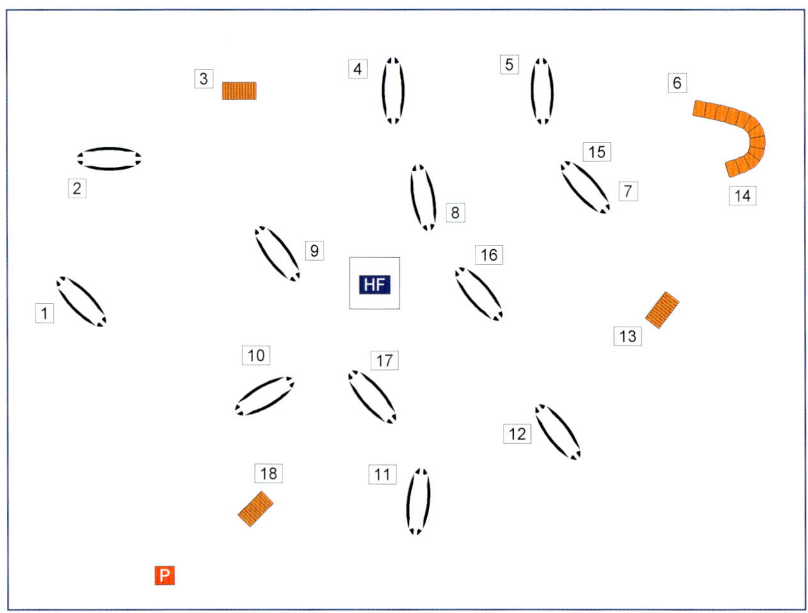

Der Führbereich befindet sich mittig ungefähr 10 Meter vom Start entfernt.

Ausgerichtet zum Hooper 2 reicht es, mit einem Startkommando den Hund nach vorne arbeiten zu lassen. Schön an dem Parcours ist, dass die Tunnel beim Nach-vorn-Arbeiten wie ein Magnet sein werden. Nach Tunnel 6 folgt eine Reihe mit drei Hoopers auf den Hundeführer zu.

Es ist darauf zu achten, dass, wenn der Hund aus dem Tunnel 6 kommt, der Oberkörper des Hundeführers auf Hooper 7 ausgerichtet ist und der Führarm ausgestreckt zum Tunnelausgang zeigt. Schwierig wird die Passage 10 bis 11. Taucht der Hund zu spitz in die 10 ein und blickt in den Tunnel 18, wird man ihn kaum noch auf Hooper 11 halten können. Wichtig ist hier, dass er von Hooper 9 auf Hooper 10 sehr rund, also mit gestrecktem Arm geführt wird, und das Vor-Kommando erst erteilt wird, wenn der Hund in Blickrichtung Hooper 11 arbeitet. Ähnlich wie am Einstieg des Parcours folgt nun eine Linie weg vom Hundeführer mit Tunnel, welche den Hund wieder nach vorne ziehen wird. Ist der Hund in Tunnel 14 eingetaucht, muss der Hundeführer ihn sofort ansprechen, seinen linken Arm gestreckt zur 5 halten und den Oberkörper zur 15 ausrichten.

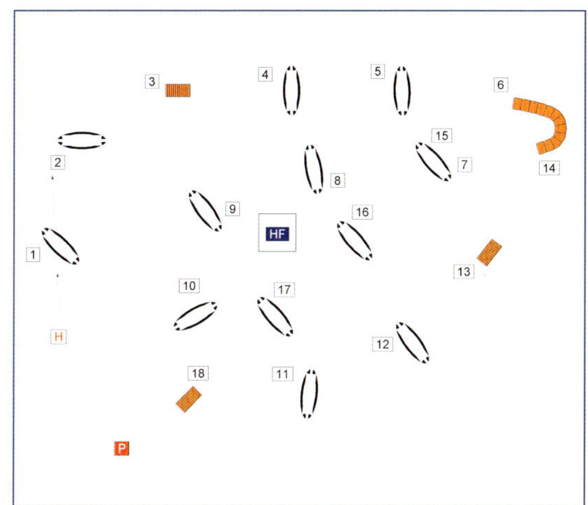

Der Hund wird an der 1 schräg mit Blick zum linken Hooper-Rahmen 2 in seine Startposition gebracht.

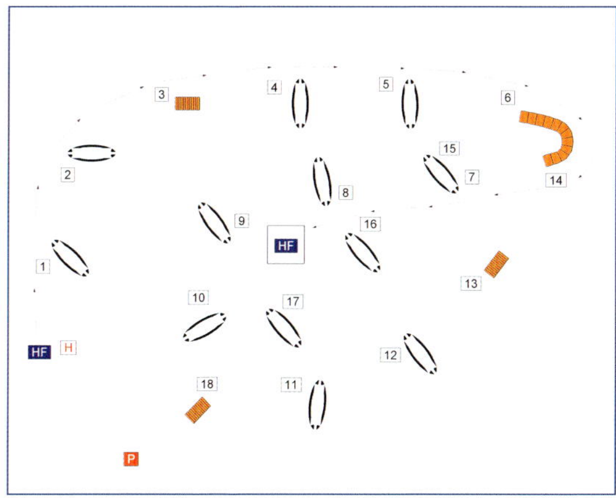

Der Hundeführer läuft außerhalb des Parcours von 1 bis 9 in seinen Führbereich. Hat der Hund seine Startposition nicht verlassen, wird der Start einfach werden.

Der Zieleinlauf besteht wieder aus einer Geraden, welche mit einem Tunnel endet. Hier muss der Hundeführer den Tunnel 18 nochmals mit viel Konzentration und Energie führen. Für den Hund ist es ein schwieriger Schluss, da er in eine sogenannte Box läuft und durch Blickkontakt zum Hundeführer auf die 10 ausgerichtet ist. Optimal ist es, den Tunnel bereits an der 16 anzusagen, sodass der Hund erst gar nicht Blickkontakt aufnimmt und gleich durchzieht.

Anspruchsvoller Mix-Parcours

3 Hoopers, 3 Fässer, 1 langer Tunnel

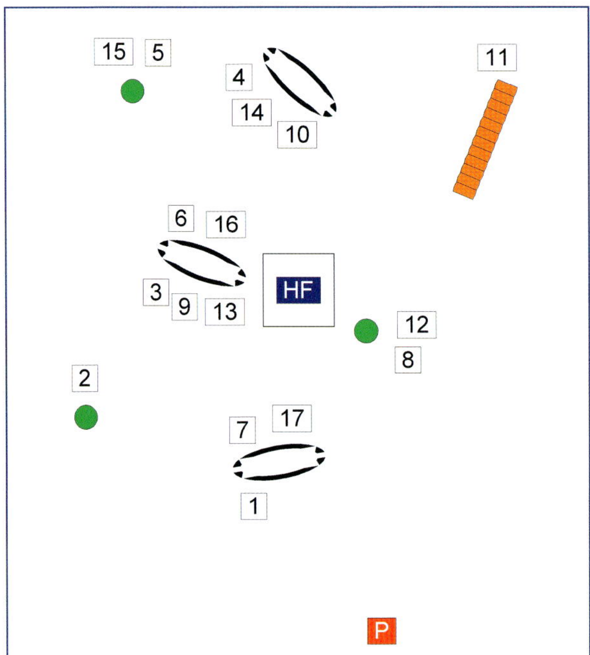

Bei diesem anspruchsvollen Parcours werden die Kommandos „Weg“ und „Rum“ verwendet.

Hat sich der Hund am Start nur minimal gedreht, befindet er sich ideal ausgerichtet auf das Fass 2. Der Hundeführer richtet sich mit Blick und Oberkörper auf den Hund aus und gibt seinen Hund am Start frei. Geführt wird mit dem linken ausgestreckten Arm. Der Hund wird nach vorne arbeiten. Optimal ist es, wenn der Hundeführer ihn leicht zu sich herzieht und dann ins Weg zum Fass 2 führt. Nach dem Außen am Fass wird der Hund wieder mit dem linken ausgestreckten Arm vor dem Hundeführer in Richtung 3 geführt.

Nun dreht der Hundeführer minimal seinen Oberkörper nach rechts und zieht den Hund leicht mit sich. Damit wird das Weg eingeleitet. Kurz vor dem Hooper 4 wird das Kommando erteilt. Nach der 5 wird der Hund sofort die Linie zur 7 erkennen. Der Hundeführer hat seinen Führarm auf rechts gewechselt, gibt von 5 bis 7 das Vor-Kommando, dreht sich jedoch kurz vor der 7 gegen den Hund nach links und führt dann sofort wieder mit Sichtkontakt zum Fass 8 und mit dem rechten Arm weiter. Dieses Gegendrehen bewirkt, dass der Hund nicht zu weit aus der 7 läuft und das Fass früher erkennen kann.

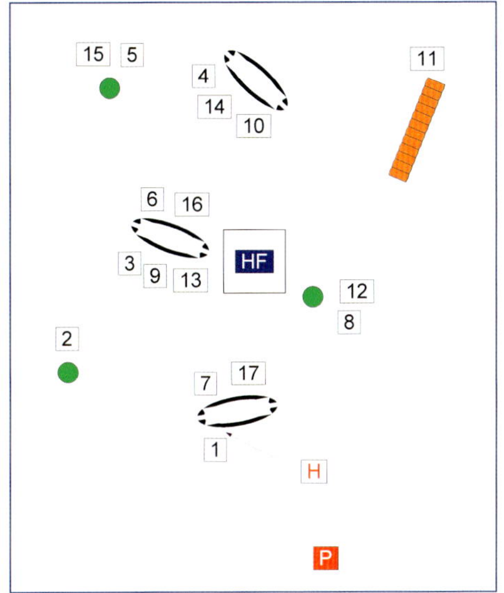

Der Hund wird am Start mit der Pfötchenstellung nach links, außerhalb des Parcours, in Position gebracht.

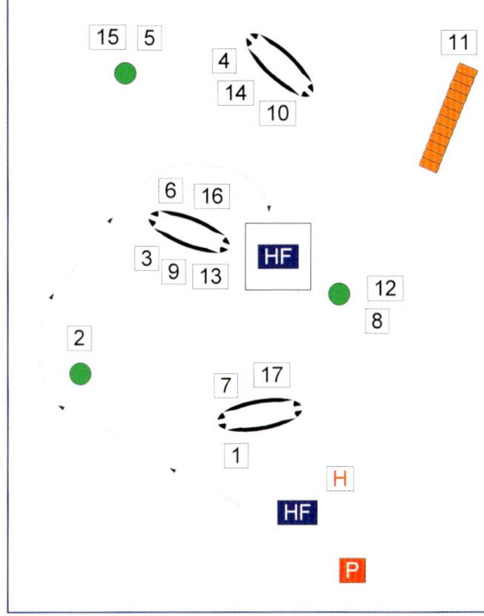

Der Hundeführer geht nicht direkt in den Führbereich, sondern nimmt wie immer den weiten Weg außenherum auf sich.

Der Hundeführer nimmt seinen Hund nach der 8 mit der rechten am Körper anliegenden Hand an und führt ihn mit einem Rum hinter sich. Während der Hund das Rum ausführt, wird auf den linken Führarm gewechselt. Der Hundeführer führt mit dem linken ausgestreckten Arm und den Blick nach vorne gerichtet weiter und dreht sich parallel mit dem Hund in Richtung Tunnel.
Kommt der Hund aus dem Tunnel, wird er das Fass erkennen und das erteilte Außen problemlos ausführen können. Der Hund wird mit dem linken ausgestreckten Arm rund zur 9 geführt, dann dreht der Hundeführer dynamisch nach rechts weiter, sodass der Hund nach der 9 ebenfalls die rechte Richtung einnimmt.
Kommt der Hund leicht nach rechts, ist der Einstieg für das Weg zum Hooper 14 ideal geführt. Kurz vor der 14 wird das Weg-Kommando erteilt und der Hundeführer wechselt, solange der Hund das Außen abarbeitet, vom linken Führarm auf rechts. Nun folgt nur noch das Vor-Kommando bis zum Abschlussgerät, in dem Fall die Pylone.

Parcours mit Zäunen und Richtungswechsel

6 Hoopers, 2 lange Tunnel, 4 große Zäune oder 8 kleine Zäune

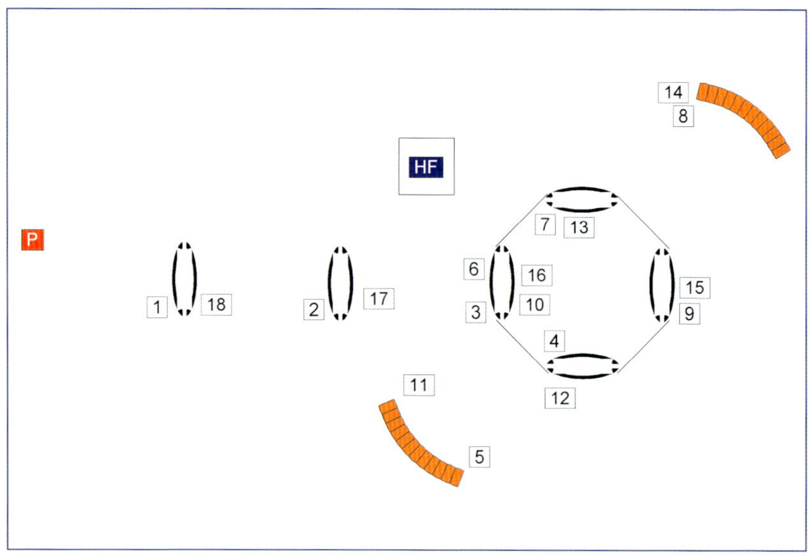

Der Hund muss in diesem Parcours die Kommandos „Rechts“ und „Links“ gut beherrschen. Er wird am Start mit Blick zum Hooper 2 positioniert.

Der Hund wird nach der 2 leicht zum Hundeführer hergezogen und mit einem Weg-Kommando vor der 3 zur 4 geführt. Solange der Hund das Weg von 3 auf 4 ausführt, wechselt der Hundeführer seinen Führarm auf links. Vor der 4 kann bereits das Tunnel-Kommando erteilt werden. Taucht der Hund in den Tunnel ein, findet wieder ein Wechsel des Führarms statt.
Der Hundeführer führt mit dem rechten Arm weiter, erteilt das Vor-Kommando und kann bereits vor der 7 den Tunnel ansagen. Solange der Hund den Tunnel abarbeitet, wird erneut der Führarm gewechselt. Der Hundeführer richtet seinen Oberkörper auf die 9 aus und hält dabei den linken Arm ausgestreckt. Nimmt der Hund die 9 an, dreht sich der Hundeführer nach links und leitet damit den Hund leicht in seine Richtung.
Das Weg-Kommando wird vor der 10 erteilt und der linke Arm führt parallel zum Hund zu Tunnel 11. Wieder wechselt der Hundeführer den Führarm auf rechts und dreht sich dabei stark nach links.

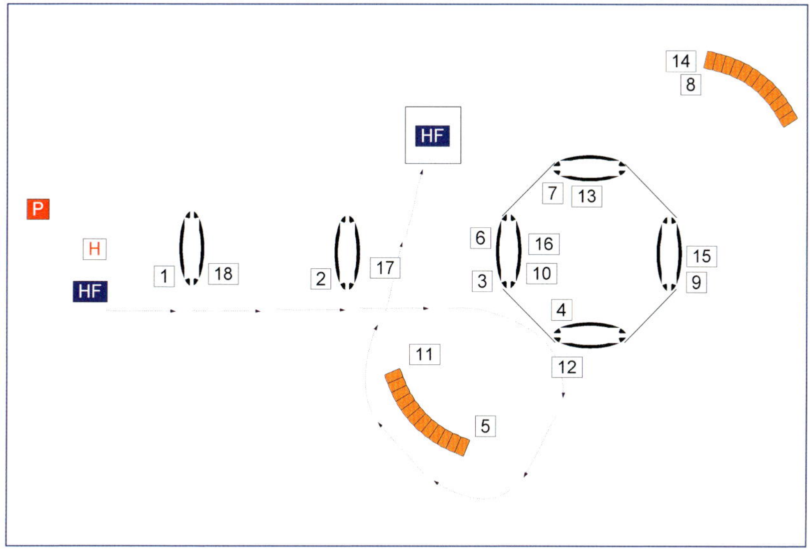

Wie immer unterstützt der Hundeführer seinen Hund, indem er den langen Weg in den Führbereich wählt. Der Hundeführer richtet sich mit dem Oberkörper zum Hund aus und hält dabei den rechten Arm ausgestreckt. Er erteilt die Startfreigabe und es folgt ein Vor-Kommando.

Der Hund wird nach dem Tunnel die 12 erkennen und diese auch abarbeiten. Der Hundeführer steht nun quasi seitlich zum Hund und spricht diesen nach der 12 mit seinem Namen an, sodass der Hund nicht in Richtung 9/15 weiterarbeitet. Ist der Blick von 9/12 abgewandt, erteilt der Hundeführer das Vor-Kommando, zieht den Hund mit der rechten Hand vor der 13 leicht zu sich und erteilt dabei das Weg-Kommando in den Tunnel.
Der Parcours ist nun fast geschafft. Entscheidend ist jetzt der Einstieg in den Hooper 15. Kommt der Hund mit Blick zur 4, ist er beim Vor-Kommando weg. Daher sollte man den Hund gut beobachten und gegebenenfalls nochmals vor der 15 mit dem Namen ansprechen. Das Vor-Kommando zur Pylone kann erst erteilt werden, wenn der Hund auf die Ziellinie ausgerichtet ist.

Ein paar Gedanken zum Schluss

Fünf Jahre Trainingserfahrung mit den eigenen Hunden und drei Jahre Trainingserfahrung mit anderen Teams liegen hinter uns. Viele Teams haben begonnen, diesen Sport genauso zu lieben wie wir, jedoch haben auch viele Teams den Kopf in den Sand gesteckt und wieder aufgehört.

Tanjas Hunde lieben diesen Sport genauso wie sie.

Hoopers-Agility sieht zwar nicht spektakulär aus, ist jedoch nicht in zehn Trainingseinheiten erlernt und verlangt viel Trainingsaufbau vom Team. In unseren extern abgehaltenen Seminaren stießen wir immer wieder auf unfaire Hundeführer, die dem Hund die Schuld daran geben, dass er am Parcours gescheitert ist. Wir stellen fest, dass sich viel zu viele Hundeführer auf die Körpersignale, also Arm- und Fußstellung verlassen, jedoch mehr mit sich selbst beschäftigt sind, als dass sie ihren Hund beim Arbeiten lesen (wo schaut der Hund hin) und das passende Kommando anwenden (da das Kommando nicht ausreichend aufgebaut wurde). Wir erleben immer wieder verzweifelte Hunde, die ihren Hundeführer nicht verstehen, obwohl sie das Richtige ausgeführt hatten, und vom Hundeführer gerügt wurden. So eine Reaktion nimmt vielen Hunden die Motivation und diese Hunde bringen unerwünschte Ersatzhandlungen an den Tag.

Nachfolgendes Beispiel machte mich persönlich sehr traurig. Es handelte sich um einen Senior-Hund. Vorab entstand eine Grundsatzdiskussion, dass dieser Hund mehr Spaß beim Arbeiten hätte (Spaß wurde mit Arbeitstempo gleichgesetzt), wenn der Hundeführer im Parcours mitläuft wie im klassischen Agility. Mein

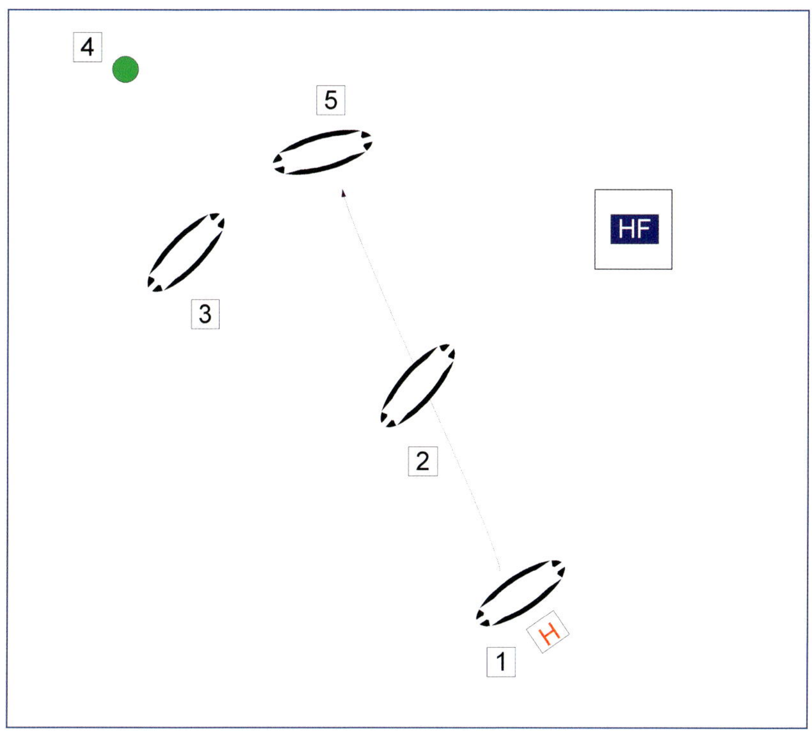

Standpunkt war, dass dieser Hund es nur nicht gelernt hatte. Lässt man diesem Hund Zeit und macht einen Trainingsaufbau, wird dieser Hund auch „Spaß" haben, wenn der Hundeführer stehen bleibt.
Dann schaute ich diesem Team bei der Arbeit zu und erblickte einen sehr unfairen Hundeführer, bei dem ich, wenn ich Hund wäre, auch keinen „Spaß" hätte. Schauen wir uns oben stehende Grafik an.
Der Hund ist im Parcours nicht von 2 auf 3 gelaufen, sondern zu Hooper 5.
Der Hundeführer machte den Hund dafür verantwortlich, stellte seine Arbeit ein und brach den Lauf ab mit den Worten: „Ach schau doch mal, wo meine Füße hinzeigen!"
Die Füße vom Hundeführer zeigten auf Hooper 3, jedoch bekam dieser Hund das Kommando „Vor", als er zur 5 blickte und ging daher brav weiter nach vorne.
Nur der Hundeführer kennt den Parcours und es ist seine Pflicht, den Hund im Parcours zu deuten, seine Kopfposition wahrzunehmen und das richtige Kommando im richtigen Moment zu nennen.
Im Hoopers-Agility soll der Hund (Ausnahmen sind taube Hunde) nicht den Hundeführer im Auge behalten müssen und seinen Körper deuten, sondern der Hund

sollte mit dem passenden Kommando geführt werden. Optimal ist es natürlich, wenn Körperhaltung und Kommando passen. Gerade dies zeichnet schließlich das Können des Teams aus.
Als ich an die Reihe kam, erkannte ich die Kopfposition meines Hundes an der 2 ebenfalls zur 5 ausgerichtet. Mit einem Kommando „Weg“ nahm mein Hund schließlich die richtige Richtung ein und arbeitete zur 3 weiter.
Wir redeten nach dem Lauf darüber und der Hundeführer achtete nun auf die Kopfposition des Hundes und war nicht mehr mit seiner Fußstellung beschäftigt, konnte im richtigen Moment das richtige Kommando abrufen und dieser Hund arbeitete auf die 3 weiter.

Beim Hoopers-Agility ist es so wichtig, dass der Hundeführer sensibel auf Fehltritte reagiert und zunächst dem Hund hilft, indem er hingeht und das richtige Gerät zeigt, und erst dann hinterfragt, was wohl falsch war.

In diesem Sport kann ich im Parcours auf Distanz auch nur das abrufen, was der Hund tatsächlich beherrscht. Beispiele sind die Kommandos „Rechts“ und „Links“. Ich selbst arbeitete über ein halbes Jahr am Aufbau dieser Kommandos, bis ich sie im Parcours erstmals abgerufen habe. Solange sie im Basistraining nicht optimal ausgeführt werden und die Fehlerquote zu hoch ist, sollten sie nicht in einem Parcours verwendet werden.

Wir erleben dies besonders oft mit dem Kommando „Weg“. So viele Hunde können dieses Kommando gar nicht richtig ausführen, da sie nicht ausreichend ausgebildet wurden. Beherrscht ein Hund das Kommando „Weg“ nicht auf Distanz, darf es nicht angewandt werden, das heißt, ein verantwortungsbewusster Hundeführer arbeitet gleich mit Hasendraht zur Unterstützung oder lässt diese Passage im Parcours weg und beendet die Übung vorher.

Erst die Basisarbeit, dann der Parcours!

Weiter geht es mit unterschiedlich starken Teams im selben Parcours. Trainiert zum Beispiel ein Anfänger bei den Fortgeschrittenen, sollte es nicht so aussehen, dass der Anfänger mal „probiert“, wie weit er kommt, sondern der Anfänger sollte sich aus diesem Parcours eine Sequenz herauspicken und an dieser Aufgabenstellung trainieren und am Gelingen wachsen.

Hier wieder ein Beispiel, welches wir erlebt haben:
Wir hatten in einer starken Gruppe ein Team, welches sich noch im Aufbau befand, etwa fünf Geräte am Stück arbeiten konnte und über sehr gute Basisarbeit verfügte. Anhand dieses Teams möchte ich zeigen, wie wichtig das faire Arbeiten ist und zum Erfolg für die zukünftige Hoopers-Laufbahn führt.
Dieses Team ging in einen Parcours bestehend aus 16 Hindernissen und wollte mal schauen, wie weit es kommt.

Für ein Team im Aufbau sind die Aufgabenstellung und der daraus entstehende Erfolg wichtig und für ein Team, das sich im Ausbildungsstand von fünf Geräten befindet, ist es doch utopisch, plötzlich 16 Geräte zu schaffen. Dieses Team ging am Ende gefrustet aus dem Parcours. Hätte sich dieses Team einen zum Ausbildungsstand angepassten Weg herausgepickt, wären Mensch und Hund als Könige aus dem Parcours rausgekommen.

Weniger ist oft Mehr!

Hier ein Ausschnitt aus dem Parcours:

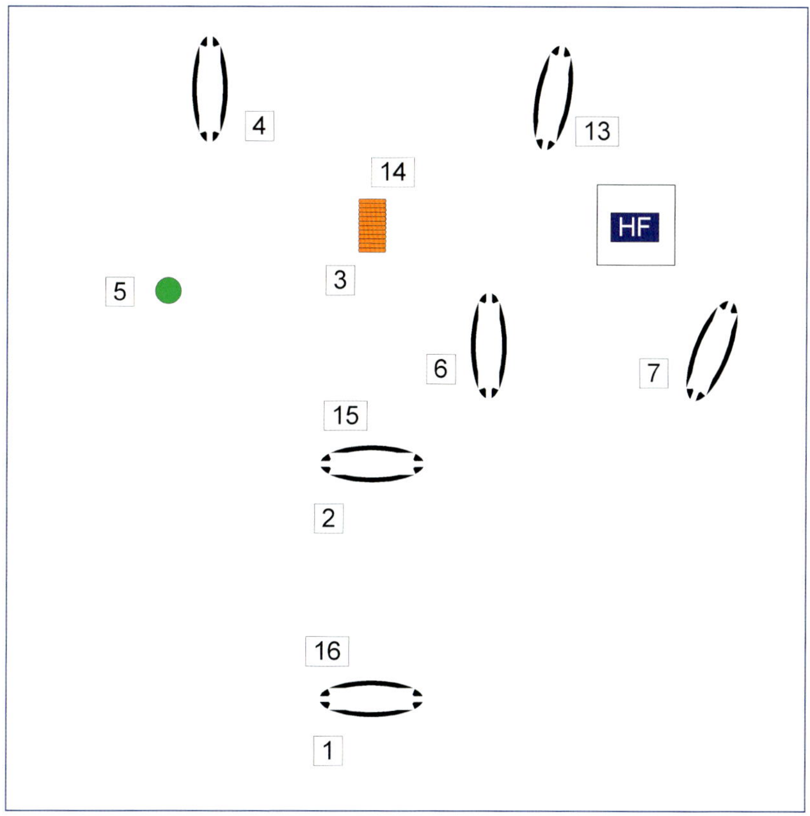

Ich hätte es als richtig angesehen, im ersten Durchgang sich das Ziel von 1 bis 5 zu stecken. An 5 in Laufrichtung zu bestätigen, wäre am besten gewesen. Der Hundeführer konzentrierte sich aber nicht nur auf die fünf Geräte, sondern im Hinterkopf auf alle 16 Geräte.

Im ersten Durchgang arbeitete der Hund das Kommando „Weg" nach der 3 perfekt zur 4 ab. Der Hund kam jedoch zu weit rein, der Hundeführer gab das Kommando „Außen" am Fass zu lasch an, da er eigentlich mit den Gedanken schon bei der 6 war. Der Hund ließ das Fass 5 aus. Der Hundeführer, der locker die 16 Geräte führen wollte, ärgerte sich über das frühe Scheitern an der 5, stellte die Arbeit ein und ließ den Hund durch diesen Abbruch und das wieder An-den-Start-Gehen wissen, dass sein Job nicht gut war.
Richtig wäre gewesen, er wäre rasch zum Fass gelaufen und hätte dem Hund gezeigt: „Schau, das wäre an der Reihe gewesen und ich habe dir zu wenig geholfen." Der Hundeführer setzte stattdessen zum 2. Durchgang an. Der Hund hinterfragte nun das Kommando „Weg" und drehte sich zum Hundeführer und arbeitete zu ihm zurück. Diesmal war der Hundeführer fix und zeigte dem Hund das „Weg" von 3 auf 4. Besser wäre hier gewesen, er hätte zusätzlich gleich noch das „Außen" am Fass mitarbeiten lassen.

Spätestens nach zwei Misserfolgen sollte dem Hund geholfen werden, sodass sich ein Erfolg einstellt, welcher mit Spielzeug/Futter bestätigt werden kann. Der Hundeführer nahm stattdessen den Hund ein drittes Mal an den Start und nun kam, was kommen musste. Der verzweifelte Hund suchte nach Lösungen und kam nach der 2 zur 6 rein und hinterfragte, ob das das Gewünschte gewesen sei. Der Hundeführer zeigte dem Hund zwar rasch den Tunnel, dennoch war für den Hund nicht ersichtlich, warum sein Job nicht gut genug war. Der Hund wurde mit jedem weiteren Durchgang unsicherer und kam durch Hooper 6 zum Hundeführer rein. Letztendlich brach der Hundeführer frustriert ab.

Besser wäre nun gewesen, der Hundeführer hätte von vornherein den Parcoursverlauf nur von 1 bis 5 absolviert. Bei der Wiederholung sollte man mehr Energie auf die Signale setzen und, falls der Hund das „Außen" wieder nicht angenommen hätte, in der nächsten Runde Hasendraht von 4 auf 5 einbauen, damit der Hund in diesem Durchgang fehlerfrei durchkommt und bestätigt werden kann. Hat der Hund die Übung verstanden, kann zur Überprüfung auch der Hasendreht wieder abgebaut werden. Danach hat das Team genug gearbeitet und kann strahlend in die Pause gehen.

An dieser Stelle möchte ich noch ein weiteres typisches Beispiel aufzeigen, welches immer wieder von uns auf Seminaren erlebt wird und beim Hund auf Frust stößt:
Der Hundeführer positioniert seinen Hund ungünstig am Start und der Hund lässt nach Startfreigabe den ersten Hooper aus. Der Hundeführer deutet dies als „ungehorsam" und bricht das Weiterlaufen ab. Doch konnte der Hund die Aufgabe überhaupt erfüllen? Hat dieser Hund das Startkommando gelernt, sodass er sich zum Startgerät zurückorientiert und dieses abarbeitet? Warum bekommt dieser Hund eine „Rote Karte", obwohl der Hundeführer etwas abverlangt, was der Hund noch nicht kann?

Nicht jedes Scheitern ist auch Ungehorsam!

Durch nicht angepasste Belohnung, unüberlegtes Training, Überforderung und unfaires Verhalten verlieren viele Teams den Spaß und hängen Hoopers-Agility wieder an den Nagel.
Daher wäre es sehr schade, wenn in naher Zukunft im Hoopers-Agility kaum noch Senioren oder Hunderassen, die stärker motiviert werden müssen, zu finden wären, sondern überwiegend Hütehundrassen, bei denen sich der „Trainingsfrust“ nicht unbedingt auf die Motivation auswirkt.

Unsere Vierbeiner sind keine Maschinen und der Mensch kann nur das fordern, was er seinem Hund beigebracht hat.

Mir macht der Aufbau der Kommandos und das genaue Führen im Parcours enorm Spaß und ich denke, hätte ich Hoopers-Agility vor dem klassischen Agility kennengelernt, hätte es nie etwas anderes für meine Hunde gegeben. Die langjährige erfolgreiche Agility-Laufbahn hat mich geprägt und aus heutiger Sicht werde ich mit einem lachenden und einem weinenden Auge dem in Zukunft zu erwartenden Hoopers-Wettbewerben entgegensehen.

Ich selbst werde nur als Zuschauer auf künftigen Hoopers-Turnieren zu finden sein. Es liegt nicht in meiner Absicht das Hoopers-Agility dem klassischen Agility gleichzusetzen, wo nur noch enger und schneller zählt.

In diesem Sinne wünsche ich Ihnen und Ihrem Hund viel Freude!

Tanja Bauer

KURZE AUSZÜGE AUS DER VDH-PRÜFUNGSORDNUNG HOOPERS

- *Für ein Hoopers-Turnier wird eine Parcoursgrundfläche von etwa 800 qm benötigt.*
- *Beim Hoopers dürfen alle gesunden und körperlich belastbaren Hunde teilnehmen. Sie müssen eindeutig identifizierbar durch Chip (oder Tätowierung) sowie haftpflichtversichert sein und eine gültige Tollwutimpfung haben Das Mindestalter beträgt 18 Monate. Sozial unverträgliche Hunde werden disqualifiziert.*
- *Es gibt drei Prüfungsklassen (H1, H2, H3), wobei man sich jeweils mit bestimmten Leistungen für die nächsthöhere Stufe qualifizieren kann.*
- *Beim Hoopers geht es nicht um Geschwindigkeit, sodass keine Hunde benachteiligt werden. Sie sollten sich aber motiviert durch den Parcours bewegen. Die Maximalzeit zur Absolvierung des Parcours beträgt 5 Minuten.*
- *Zur Führung des Hundes sind Hör- und Sichtzeichen erlaubt. Der Hundeführer darf während des Laufs den Führbereich nicht verlassen und nichts (weder Leine noch Futterbeutel o.Ä.) in der Hand halten.*
- *Folgende Geräte, deren Abmessungen im Reglement genau vorgeschrieben werden, finden im Parcours Anwendung: Hoop, Tonne, Gate und Tunnel.*

(Nähere Angaben über die Regeln, die Prüfungsklassen, die Abmessungen der Geräte sowie Details zur Bewertung und zu Fehlern mit Punktabzug oder Disqualifizierung können Sie in den Prüfungsordnungen nachlesen.)

Zum Weiterlesen

Boulanger, Robert und Trautmann Zenoni, Gabriella: **Mantrailing** – Teamarbeit mit Nase und Verstand. Oertel+Spörer, Reutlingen 2013.
Braun, Doris: **Wagenziehen mit Hunden.** Oertel+Spörer, Reutlingen 2013.
Edelmann, Birgitta K.: **Zughundetraining für den Alltag.** 3. Auflage, Oertel+Spörer, Reutlingen 2020.
Gelhaus, Nadine: **Futterfibel.** Hunde gesund ernähren. Oertel+Spörer, Reutlingen 2013.
Göbel, Michaela: **Taube Hunde.** Umgang – Erziehung – Ausbildung. 2. Auflage, Oertel+Spörer, Reutlingen 2021.
Hartmann, Michael: **Patient Hund.** 3. Auflage, Oertel+Spörer, Reutlingen 2021.
Jansen, Karin: **Rassespezifisches Territorialverhalten** – Richtiges Verständnis und Erziehung. 2. Auflage, Oertel+Spörer, Reutlingen 2018.
Jansen, Karin: **Rassespezifisches Jagdverhalten.** Oertel+Spörer, Reutlingen 2014.
Kolbe, Katrin und Lehari, Gabriele: **Rettungshundeausbildung – Nasenarbeit.** Oertel+Spörer, Reutlingen 2013.
Kolbe, Katrin: **Wie Hunde lernen.** Oertel+Spörer, Reutlingen 2016.
Koller, Raphaela: **BARF-Rezepte.** 5. Auflage, Oertel+Spörer, Reutlingen 2016.
Lehari, Gabriele: **50 kleine Hunderassen.** Oertel+Spörer, Reutlingen 2019.
Lehne, Anke: **Zeitgemäße Jagdhundeführung.** 3. Auflage Oertel+Spörer, Reutlingen 2022.
Müller, Anja Carmen und Lehari, Gabriele: **Der Therapiehund.** 4. Auflage, Oertel+Spörer, Reutlingen 2021.
Nehmet, Manuela: **Beschwichtigen, Drohen oder nur Spielen?** Die Signale des Hundes richtig deuten. Oertel+Spörer, Reutlingen 2017.
Nehmet, Manuela: **Shapen** – Positive Verstärkung in der Hundeerziehung mit Markersignalen. Oertel+Spörer, Reutlingen 2018.
Reichenbach, Uta: **Wie Hunde kommunizieren.** Oertel+Spörer, Reutlingen 2011.
Reichenbach, Uta und Lehari, Gabriele: **Der zuverlässige Begleithund.** Von der Welpenerziehung bis zur Begleithundprüfung. 4. Auflage, Oertel+Spörer, Reutlingen 2021.
Röthig, Doris: **Rettungshundeausbildung zur Flächensuche.** 2. Auflage, Oertel+Spörer, Reutlingen 2015.
Sinner, Tanja und Lehari, Gabriele: **Obedience.** Gehorsam in Perfektion. Oertel+Spörer, Reutlingen 2010.
Werner, Tina: **Wellness für Hunde.** Massage und Physiotherapie für jeden Tag. 2. Auflage, Oertel+Spörer, Reutlingen 2016.